高等学校艺术设计专业课程改革教材　普通高等教育"十三五"规划教材

室内设计教程

（第 2 版）

文　健　编著

清 华 大 学 出 版 社

北京交通大学出版社

·北京·

内 容 简 介

本书主要内容包括室内设计概述，室内空间设计，人体工程学与室内设计，室内家具与陈设设计，室内色彩、照明与材料设计，居住空间设计和商业娱乐空间设计等。本书系统地介绍了室内设计的基本理论，并通过大量的案例图片形象而直观地阐释室内设计的表达方式和设计技巧。

本书内容全面，条理清晰，理论结合实践，紧接专业市场，实践性强。本书可作为应用型本科院校和高职高专院校室内设计、环境艺术设计和建筑装饰设计专业的教材，还可以作为行业爱好者的自学辅导用书。

图书在版编目（CIP）数据

室内设计教程／文健编著. —2 版. —北京：北京交通大学出版社：清华大学出版社，2017.8
高等学校艺术设计专业课程改革教材　普通高等教育"十三五"规划教材
ISBN 978-7-5121-3317-4

Ⅰ. ① 室…　Ⅱ. ① 文…　Ⅲ. ① 室内设计-高等学校-教材　Ⅳ. ① TU238

中国版本图书馆 CIP 数据核字（2017）第 184845 号

室内设计教程
SHINEI SHEJI JIAOCHENG

责任编辑：吴嫦娥

出版发行：清 华 大 学 出 版 社　　邮编：100084　　电话：010-62776969　　http://www. tup. com. cn
　　　　　北京交通大学出版社　　邮编：100044　　电话：010-51686414　　http://www. bjtup. com. cn
印　刷　者：北京宏伟双华印刷有限公司
经　　销：全国新华书店
开　　本：210 mm×285 mm　　印张：11　　字数：415 千字
版　　次：2017 年 8 月第 2 版　　2017 年 8 月第 1 次印刷
书　　号：ISBN 978-7-5121-3317-4/TU·163
印　　数：1～3 000 册　　定价：56.00 元

前　言

　　室内设计是人们根据建筑空间的使用性质，运用物质技术手段，创造出功能合理、舒适优美的室内环境，以满足人的物质需求与精神需求而进行的空间创造活动。室内设计是建筑设计的延续和深化，是室内空间环境的再创造，其主要目的就是创造舒适美观的室内环境，满足人们多元化的物质需求和精神需求。

　　室内设计是一门综合性学科，其内容涉及美学、环境学、声学和光学等多个学科。同时，室内设计又是一门非常重视实践的学科，其学习和认知过程与设计实践紧密相连。本书编写的初衷就是在系统地介绍室内设计基本理论的基础上，通过大量的图片案例资料，让学生全面地掌握室内设计的方法和技巧，并能对不同的室内空间进行功能设计和美化装饰。本书主要内容包括室内设计概述，室内空间设计，人体工程学与室内设计，室内家具与陈设设计，室内色彩、照明与材料设计，居住空间设计和商业娱乐空间设计等，全方位、系统地对室内设计的理论、表达方式和设计技巧进行清晰而细致的讲解。本书内容全面，条理清晰，理论结合实践，紧接专业市场，实践性强，对在校学生有很大的指导作用。本书的图片和案例都是通过精挑细选的，能帮助学生更加形象直观地理解理论知识。这些精美的图片和优秀的设计案例还具有较高的参考价值和收藏价值。本书可作为应用型本科院校和高职高专院校室内设计、环境艺术设计和建筑装饰设计专业的教材，还可以作为行业爱好者的自学辅导用书。

　　本书在编写过程中得到了广东白云技师学院艺术系广大师生的大力支持和帮助，在此表示衷心的感谢。由于编者的学术水平有限，本书可能存在一些不足之处，敬请读者批评指正。

　　限于版面原因，更多精美的室内设计图片，可通过扫描本书二维码，登录加阅平台来欣赏。

文　健

2017 年 8 月

目　录

第 一 章

室内设计概述

第一节　室内设计的基本概念

一、室内设计的概念和特点

室内设计是人们根据建筑空间的使用性质，运用物质技术手段，创造出功能合理、舒适优美的室内环境，以满足人的物质需求与精神需求而进行的空间创造活动。室内设计所创造的空间环境既有使用价值，满足相应的功能要求，同时也具有反映历史文脉、建筑风格、环境气氛等精神价值。"创造出满足人们物质需求和精神需求的室内环境"是室内设计的目的。现代室内设计是综合的室内环境设计，它既包括视觉环境和工程技术方面的内容，也包括声、光、热等物理环境以及氛围、意境等心理环境和文化内涵等内容。

关于室内设计，中外优秀的设计师有许多好的观点和看法。建筑设计大师戴念慈认为："室内设计的本质是空间设计，室内设计就是对室内空间的物质技术处理和美化。"美国建筑大师普拉特纳则认为："室内设计比设计包容这些内部空间的建筑物要困难得多，这是因为在室内你必须更多地同人打交道，研究人们的心理因素，以及如何能使他们感到舒适、兴奋。经验证明，这比同结构、建筑体系打交道要费心得多，也要求有更加专门的训练。"美国设计师亚当认为："室内设计的主要目的是给予各种处在室内环境中的人以舒适和安全，因此室内设计与生活息息相关，室内设计不能脱离生活，盲目地运用物质材料去粉饰空间。"建筑师巴诺玛列娃认为："室内设计应该以满足人在室内的生产需求、生活需求，以功能的实用性为设计的主要目的。"

室内设计是一门综合性学科，它所涉及的范围非常广泛，包括声学、力学、光学、美学、哲学、心理学和色彩学等知识。它也具有鲜明的特点。

1. 室内设计强调"以人为本"的设计宗旨

室内设计的主要目的就是创造舒适美观的室内环境，满足人们多元化的物质需求和精神需求，确保人们在室内的安全和身心健康，综合处理人与环境、人际交往等多项关系，科学地了解人们的生理特点、心理特点和视觉感受对室内环境设计的影响。

2. 室内设计是工程技术与艺术的结合

室内设计强调工程技术和艺术创造的相互渗透与结合，运用各种技术和艺术的手段，使设计达到最佳的空间效果，创造出令人愉悦的室内空间环境。随着科学技术不断进步，人们的价值观和审美观发生了较大的改变，这对室内设计的发展也起到积极的推动作用。新材料、新工艺的不断涌现和更新，为室内设计提供了无穷的设计素材和灵感，运用这些物质技术手段结合艺术的美学，创造出具有表现力和感染力的室内空间形象，使得室内设计更加为大众所认同和接受。

3. 室内设计是一门可持续发展的学科

室内设计的一个显著特点就是它对由于时间的推移而引起室内功能的改变显得特别突出和敏感。当今社会生活节奏日益加快，室内的功能也趋于复杂和多变，装饰材料、室内设备的更新换代不断加快，室内设计的"无形折旧"更趋明显，人们对室内环境的审美也随着时间的推移而不断改变。这就要求室内设计师必须时刻站在时代的前沿，创造出具有时代特色和文化内涵的室内空间。

室内设计如图1-1～图1-3所示。

二、室内设计的程序

室内设计水平的高低、质量的优劣与设计者的专业素质和文化艺术素养紧密相连。而各个单项设计最终实施后成果的品位，又和该项工程和具体的施工技术、用材质量、设施配置情况，以及与客户的协调关系密切相关，即设计是具有决定意义的最关键的环节和前提，但最终成果的质量有赖于：设计—施工—用材（包括设施）—与客户关系的整体协调。

室内设计的程序是指完成室内设计项目的步骤，是保证设计质量的前提。室内设计的程序一般分为4个阶段：设计准备阶段、方案设计阶段、方案深化和施工图绘制阶段、设计实施阶段。

1. 设计准备阶段

（1）接受委托任务书，或根据标书要求参加投标。

（2）明确设计期限，制订设计计划，综合考虑各工种的配合和协调。

（3）明确室内设计任务和要求，如室内设计的使用性质、功能特点、等级标准和造价等。

（4）了解室内设计项目所在建筑的基本情况，熟悉室内设计的相关规范和定额标准，并进行现场勘测。

（5）在家装设计项目中，还应明确客户的设计想法与要求，并通过与客户的深入交谈，了解客户的年龄、性格、职业、爱好和家庭人口组成等基本情况，再根据所掌握的这些信息，对室内空间布置做出适当的分析和构想，满足客户的愿望和要求。作为一名优秀的室内设计师，既要虚心听取客户对设计的要求和看法，又要通过自己的创造性劳动，引导客户接受自己的设计方案，提升客户的设计审美水平。

（6）明确室内设计项目中所需材料的情况，掌握这些材料的价格、质量、规格、色彩、防火等级和环保指标等内容，并熟悉材料的供货渠道。

（7）签订设计合同，制定进度安排表，与客户商议确定设计费。

2. 方案设计阶段

（1）进一步收集、分析和运用与设计任务有关的资料与信息，构思设计方案，并绘制方案草图。

（2）优化方案草图，制作设计文件。设计文件主要包括设计说明书、设计意向图、初步平面布局图和主要空间的效果图。举例如图1-4～图1-7所示。

3. 方案深化和施工图绘制阶段

通过与客户沟通，确定好初步方案后，就要对设计方案进行完善和深化，并绘制施工图，施工图包括平面图、天花图、立面图、剖面图、大样图、电路图和材料实样图等。

平面图主要反映的是空间的布局关系、交通的流动路线、家具的基本尺寸、门窗的位置、地面的标高和地面的材料铺设等内容。如图1-8所示。

天花图主要反映吊顶的形式、标高和材料，以及照明线路、灯具和开关的布置，空调系统的出风口和回风口位置等内容。如图1-9所示。

立面图主要反映墙面的长、宽、高的尺寸，墙面造型的样式、尺寸、色彩和材料，以及墙面陈设品的形式等内容。如图1-10所示。

剖面图主要反映空间的高低落差关系和家具、造型的纵深结构；大样图主要反映家具和造型的细节结构，是剖面图的有效补充。如图1-11所示。

4. 设计实施阶段

设计实施阶段是设计师通过与施工单位合作，将设计图纸转化为实际工程效果的过程。在这一阶段，设计师应该与施工人员进行广泛的沟通和交流，及时解答现场施工人员遇到的问题，并进行合理的

图1-1　室内设计（1）

图1-2　室内设计（2）

图 1-3 室内设计 (3)

图1-4 样板房设计意向图 (1)

图1-5 样板房设计意向图 (2)

图1-6 样板房设计意向图 (3)

图1-7 别墅设计效果图 文健 设计

图 1-8 别墅设计平面图 文健 设计

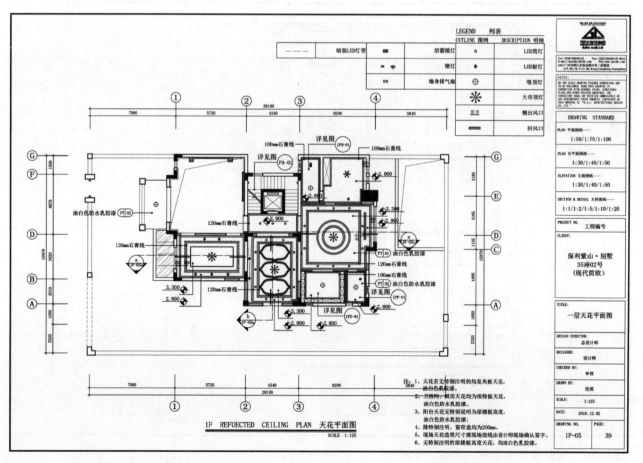

图 1-9 别墅设计天花图 文健 设计

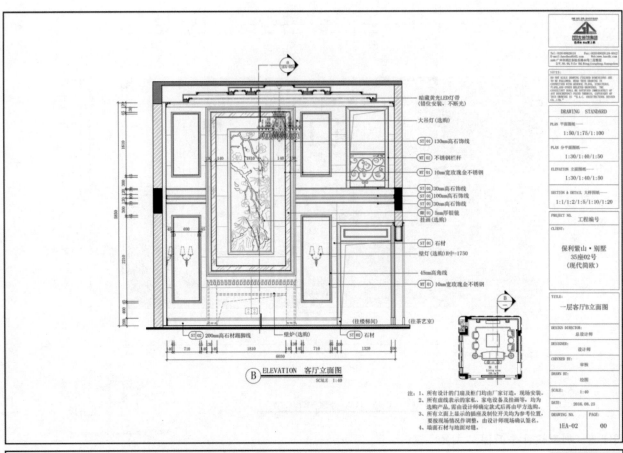

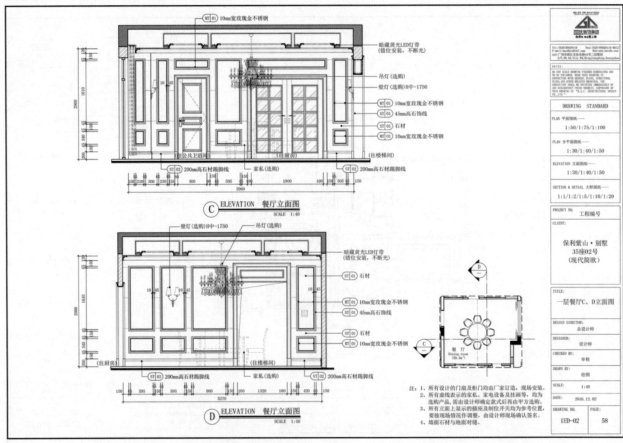

图 1-10 别墅设计立面图 文健 设计

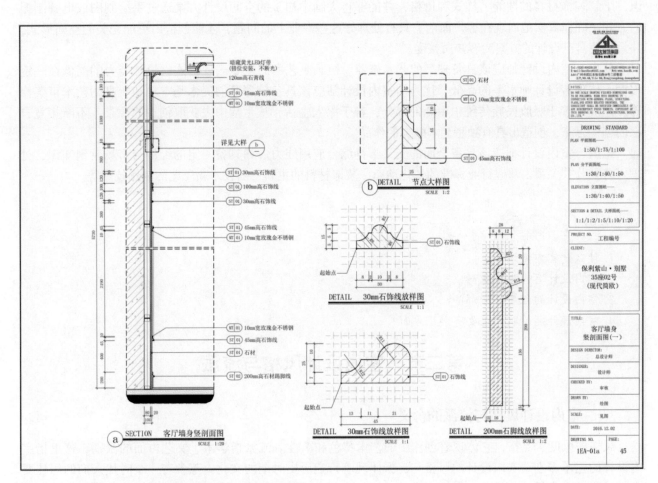

图 1-11 别墅设计剖面图和大样图 文健 设计

设计调整和修改，在合同规定的期限内保质保量地完成工程项目。

三、室内设计师的职责与素养

　　室内设计师的职责是为人们创造舒适、美观的室内环境，这种职业特点决定了室内设计师所服务的对象主要是人。因此，人的不同年龄、职业、爱好和审美倾向等因素制约着室内设计师的工作。室内设计师的职责就在于必须满足不同的人对室内空间的不同审美要求：有的人喜欢古典风格——雍容、华贵；有的人喜欢简约风格——休闲、轻松；有的人喜欢现代风格——时尚、激情；有的人喜欢乡土风格——自然、野性。客观上，人人都满意的设计是不存在的，室内设计师必须善于把握主流性的审美倾向，全面系统地分析客户的实际情况和他们提出的要求，设计出具有共性的、能够为客户所接受的室内设计方案。归纳起来，室内设计的职责主要包括以下几方面。

　　（1）规划合理的内部空间关系。主要是根据空间的尺度对室内空间进行合理的规划、调整和布局，满足室内各空间的功能要求。

　　（2）创造美观、舒适的空间环境。主要对室内家具、陈设、绿化、造型、色彩和照明等要素进行精心的设计和布置，力求创造出具有较高艺术品位的室内空间环境。

　　（3）注重体现"以人为本"的设计宗旨，创造出文化品位高、个性特征鲜明的室内空间环境。

为了满足不同客户对室内空间的要求，室内设计师必须具备过硬的专业知识和良好的职业素养。首先，室内设计师应该具备较强的空间想象能力、空间思维能力和空间表现能力，熟练掌握人体工程学知识，了解装饰材料的性能、样式和价格，并能够将大脑中初步的空间设计方案通过手绘制图或电脑制图的方式准确而真实地展现在客户面前。只有处理好这些专业上的问题，才能创造出更加完美的空间形式，并最终使自己设计的方案为客户所接受。

其次，室内设计师应该具备较高的艺术修养。绘画是艺术的重要表现形式，绘画能力的高低在一定程度上体现着设计师水平的高低，优秀室内设计师应该具备较深厚的美术基本功和较高的艺术审美修养，还应该善于吸收民族传统中精髓的部分，善于深入生活，从生活中去获取创造的源泉，不断拓宽自己的创作思路，创造出具有独特艺术魅力的作品。

最后，室内设计师应该具备全面的交叉学科综合应用能力。如具备一定的经济与市场营销知识，处理好各种公共关系，掌握行业标准的变化动态、装饰材料的更新、新技术新工艺的制作技术等。

1. 什么是室内设计？
2. 室内设计有哪些特点？
3. 室内设计的程序包括哪些？
4. 室内设计师的职责主要有哪几方面？

第二节　室内设计风格与流派

一、室内设计风格与流派的含义

风格即风度、品格，它体现着创作中的艺术特色和个性。流派指学术、文艺方面的派别，这里指室内设计的艺术派别。室内设计的风格与流派体现着特定历史时期的文化，蕴含着一个时代人们的居住要求和品位。室内设计师将各时期室内设计风格与流派中精华的部分，合理有效地运用到当代室内装饰工程设计中，将使室内环境更加丰富多彩。同时，通过室内设计风格与流派的学习还能为室内设计师的设计分析和创作带来有益的参考与借鉴。

室内设计风格与流派的形成，是不同的时代思潮和地区特点通过人们的创作构思逐渐发展而成的具有代表性的室内设计形式。室内设计风格与流派的形成与当时的人文因素和自然条件密切相关，不同的历史时期蕴含着不同的历史文化，使得室内设计风格与流派呈现出多元化的特点，与艺术史、文学史和家具史紧密联系。

伴随着我国经济的飞速发展，人民生活水平不断提高。室内设计改变了人们的生活环境，创造了新的生活理念，越来越受到人们的关注，成为人们生活中的一个热点。人们会根据自己的喜好，提出各种各样的要求，也就是要求室内空间有自己独特的风格和品位，设计师应根据客户的要求定位自己的设计风格，设计出既符合客户意愿又具有历史文化积淀、有特色、有品位的室内环境。历史上众多的室内设计风格与流派，为室内设计师提供了大量的案例和素材，丰富了室内设计师的设计思维。

二、室内设计风格与流派的分类

目前室内设计的发展已相对成熟，在对空间形态、陈设艺术和装饰艺术等审美要素的不断更新过程中，出现了众多的经典样式，也出现了极盛一时的风格和流派。室内设计风格主要分为传统风格（包括西方传统风格和东方传统风格）、现代风格和后现代风格等；室内设计的流派主要有解构主义派、高技派、光亮派、风格派、白色派和自然主义派等。

1. 西方传统风格的建筑与室内设计

西方传统风格的建筑与室内设计以欧洲历史的发展进程为主线，包括古埃及时期的室内设计风格、古希腊时期的室内设计风格、古罗马时期的室内设计风格、罗马式室内设计风格、哥特式室内设计风格、文艺复兴时期的室内设计风格、巴洛克室内设计风格、洛可可室内设计风格、新古典主义室内设计风格和折中主义室内设计风格等。其中尤以巴洛克室内设计风格和洛可可室内设计风格最具代表性。

巴洛克室内设计风格兴起于16世纪下半叶，后风靡整个欧洲。巴洛克室内设计风格反对僵化的古典形式，追求自由奔放的格调和美好的世俗情趣。其具有以下特点。

（1）在造型上以椭圆形、曲线和曲面为主要形式，强调变化和动感。

（2）将建筑空间设计与绘画和雕塑相结合，营造出富丽堂皇的室内效果。

（3）室内色彩以红、黄等纯色为主，并大量饰以金箔、宝石和青铜等材料进行装饰，表现出奢华的效果。

巴洛克室内设计风格的代表作品有意大利的耶稣会教堂、法国的凡尔赛宫和奥地利的梅尔克修道院等。如图1-12所示。

洛可可艺术是法国18世纪的艺术代表形式，它起源于路易十四时代晚期，流行于路易十五时代，以纤巧、精美、浮华和烦琐为特点，又称"路易十五式"。

洛可可风格是在巴洛克风格基础上发展起来的一种纯装饰性的风格，指室内装饰、建筑、绘画、雕刻和家具等方面的一种流行艺术风格。18世纪初法国君权衰退，在贵族统治阶层开始流行"及时行乐"的思想，崇尚妖媚奢靡、逍遥自在的生活方式，洛可可艺术便应运而生。

洛可可艺术在设计上追求华丽、精致和繁复的艺术效果，其装饰特点如下。

（1）室内装饰呈平面化，注重曲线的使用，常用C形、S形和旋涡形等曲线作为装饰图案。

（2）装饰题材趋向自然主义，常用千变万化的卷形草叶，此外还用贝壳、棕榈等。

（3）室内色彩以鲜艳的颜色为主，如靛蓝、嫩绿和玫瑰红等。

（4）喜欢闪烁的光泽，大量镶嵌镜子，以及悬挂晶体玻璃的吊灯，墙面多用磨光的大理石，喜爱在镜前安装烛台，造成摇摆的迷离效果。

洛可可风格的代表作品有巴黎图鲁兹府第的"黄金大厅"、巴黎苏比兹公馆和德国的阿玛林堡别墅等。如图1-13所示。

2. 东方传统风格的建筑与室内设计

东方传统风格的建筑与室内设计主要是以中国为中心的东亚文化、以印度为中心的佛教文化和以阿拉伯地区为中心的伊斯兰文化影响下所形成的传统风格样式。其中，尤以中国传统室内设计风格最具代表性。

中国是世界四大文明古国之一，有着悠久的历史和辉煌的文化。中国的古建筑是世界上历史最悠久、体系最完整的建筑体系。从单体建筑到院落组合，从城市规划到园林设计，中国古建筑在各个方面都在世界建筑史中处于领先地位。

中国传统风格的建筑与室内设计以汉族文化为核心，深受佛、道、儒三教的影响，具有鲜明的民族性和地方特色。中国传统风格的建筑以木建筑为主，主要采用梁柱式结构和穿斗式结构，充分发挥木材的性能，构造科学，构件规格化程度高，并注重对构件的艺术加工。中国传统风格的建筑与室内设计还注重与周围环境的和谐、统一，室内布局匀称、均衡，井然有序。

中国传统建筑的室内装饰，从结构到装饰图案均表现出端庄的气度和儒雅的风采，家具、字画和陈设的摆放多采用对称的形式和均衡的手法，这种格局是中国传统礼教精神的直接反映。中国传统室内设计常常巧妙地运用隐喻和借景的手法，努力创造一种安宁、和谐、含蓄而清雅的意境。这种室内设计的特点也是中国传统文化、东方哲学和生活修养的集中体现，是现代室内设计可以借鉴的宝贵精神遗产。

图 1-12　巴洛克室内设计风格的室内设计

图1-13 洛可可室内设计风格代表：巴黎苏比兹公馆室内设计（左上图）、西班牙马德里皇宫室内设计（左下图）和阿玛林堡别墅室内设计（右图）

中国传统建筑与室内设计如图1-14～图1-17所示。

3. 现代主义风格的建筑与室内设计

现代主义运动的核心为19世纪初在德国成立的包豪斯设计学院。包豪斯的筹建人格罗皮乌斯对艺术设计教育体系进行全面改革，提倡技术与艺术相结合，倡导不同艺术门类的综合，主张设计为大众服务，改变了几千年来设计只为少数人服务的立场。它的核心内容是采用简洁的形式达到低造价、低成本的目的。这一时期出现了几位影响未来设计的国际风格大师。

1）凡德罗（1887—1969）

凡德罗出生于德国，后入美国国籍，是一位既潜心研究细部设计又抱着宗教般信念的设计巨匠。他提出"少就是多"的设计理论，提倡功能主义，反对过度装饰。主张使用白色、灰色等中性色彩，室内结构空间多采用方形组合。在处理手法上主张流动空间的新概念。他的设计作品中各个细部精简到不可再精简的绝对境界，不少作品结构几乎完全暴露，但是它们简约、雅致，已使结构本身升华为艺术效果的一部分。

凡德罗对现代主义设计影响深远，其代表作品有巴塞罗那世博会德国馆、西格拉姆大厦和西柏林20世纪博物馆等。

图 1-14　中国传统民居建筑的代表：安徽宏村的徽派建筑

图 1-15　宏村的牌坊和木雕

图 1-16　苏州园林内的建筑小品

图 1-17　中国传统风格室内设计

2）柯布西耶（1886—1965）

柯布西耶出生于瑞士，1917 年定居法国，是一位集绘画、雕塑和建筑于一身的现代主义建筑大师。他的主要观点收集在其论文集《走向新建筑》一书中。在书中，柯布西耶否定了设计的复古主义和折中主义，反对形式主义的设计思路，强调设计应功能至上，追求机械美的效果，推崇理性化的设计原则。他认为："世界中的一切事物都可以放到理性的制度上加以校正，理性思维是支配人们进行研究思考及行事的基础。"

他提出了"建筑是居住的机器"的著名论点，他的现代建筑核心内容被理论界归纳为五条基本原则。

第一，结构形式：由柱支承结构，而不是传统的承重墙支承。

第二，空间构成：建筑下部留空，形成建筑的 6 个面，而不是传统的 5 个面。

第三，屋顶花园：屋顶设计成平台结构，可做屋顶花园，供居住者休闲用。

第四，流动空间：室内采用开敞设计，减少用墙面分隔房间的传统方式。

第五，窗户独立：窗户采用条形，与建筑本身的承力结构无关，窗结构独立。

柯布西耶的代表作品有萨伏伊别墅、马赛公寓和朗香教堂等。

3）赖特（1869—1959）

赖特出生于美国，是世界著名的现代建筑大师。赖特提倡有机建筑，创造了富有田园诗意的草原式住宅。赖特提出的"美国风格"住宅多采用现代主义的简单的几何形式，外观简洁、大方，室内空间流动，细节丰富。他既运用新材料和新结构，又始终重视和发挥传统建筑材料的优点，并善于把两者结合起来。同自然环境的紧密配合则是其建筑作品的最大特色，赖特的建筑使人觉得亲切而有深度。

赖特的建筑设计理论可以总结为以下几个要点。

（1）崇尚自然的建筑观。

赖特的"草原式"住宅反映了人类活动与自然环境的结合，他认为："我们的建筑如果有生命力，它就应该反映今天这里的更为生动的人类状况，建筑就是人类受关注之处，人本性更高的表达形式。因此，建筑是人类文献中最伟大的记录，也是时代、地域和人类活动最忠实的记录。"

（2）建造活的、有机的建筑。

赖特认为："建筑师应与自然一样地去创造，一切设计概念都意味着与自然环境的协调。要尽量使用木材和石料等天然材料，考虑人的需要和感情。"他还认为："只有当一切都是局部对整体如同整体对局部一样时，我们才可以说有机体是一个活的东西，这种在任何动植物中都可以发现的关系是有机生命的根本。有机建筑就是人类社会生活的真实写照，是活的建筑，这种'活'的观念能使建筑师摆脱固有形式的束缚，注意按照地形特征、气候条件、文化背景和技术规范采用相应的对策，最终取得自然的结果，而并非是任意武断地加强固定僵死的形式。这种从本身中寻求解答的方法也使建筑师的构思有了新的契机，从而灵感永不枯萎，创新永无止境。"

赖特的有机建筑观念主张建筑物的内部空间是建筑的主体。他试图借助于建筑结构的可塑性和连续性去实现建筑的整体性，他解释这种连续的可塑性主要指平面的穿插和空间的内伸外延。"活"的观念和整体性是有机建筑的两条基本原则，而体现建筑的内在功能和目的，与自然环境的协调，表现出材料的本性，则是有机建筑在创作中的具体表现。

（3）表现材料的本性。

赖特的建筑作品充满着天然气息和艺术魅力，其秘诀就在于他对材料的独特见解。泛神论的自然观决定了赖特对材料天然特性的尊重，他不但注意观察自然界浩瀚生物世界的各种奇异形态，而且注重对材料的形态、纹理、色泽和化学性能等方面的仔细研究。他指出："每一种材料都有自己的语言，每一种材料也都有自己的故事，优秀的设计师要善于利用材料自身的特征来为设计服务。"

（4）有特性和诗意的形式。

赖特对简洁的看法受到日本的影响，他也十分赞赏日本宗教关于"净"的戒条，即净心和净身，视多余为罪恶。他主张在艺术上消除无意义的东西而使一切事物变得十分自然有机，返璞归真。"浪漫"是赖特的有机建筑语言，他说："在有机建筑领域内，人的想象力可以使粗糙的结构语言变为相应的高尚形式，而不是去设计毫无生气的立面和炫耀结构骨架，形式的诗意对于伟大的建筑就像绿叶与树木的关系一样，相辅相成。"

赖特建筑设计的代表作品有流水别墅、约翰逊制蜡公司总部和古根海姆博物馆等。

现代主义风格的建筑与室内设计如图 1-18～图 1-20 所示。

图 1-18 现代主义风格设计大师凡德罗设计的巴塞罗那世博会德国馆

图 1-19　现代主义风格设计大师柯布
西耶设计的萨伏伊别墅

图1-20 现代主义风格设计
大师赖特设计的流
水别墅

4. 后现代主义风格的建筑与室内设计

后现代主义又称装饰主义和隐喻主义，兴起于20世纪60年代。后现代主义建筑与室内设计理论形成的标志是美国建筑师文丘里出版的《建筑的复杂性与矛盾性》一书，书中指出现代主义运动所热衷的简单与逻辑是现代运动的基石，也是一种限制，它将导致乏味和单调，伟大源于复杂和矛盾的形式，文丘里强调要"用非传统的手法组合传统的部件，突破既定的思维模式，对传统进行新的认识，重视设计的精神因素，拓展设计的审美空间。"

后现代主义风格的主要观点如下。

（1）强调历史文脉及建筑师的个性和自我表现力，反对重复前人的设计经验，讲究创造。

（2）强调建筑与室内设计的矛盾性和复杂性，反对设计的简单化和程式化。

（3）提倡多元化和多样性的设计理念，追求人文精神的融入。

（4）崇尚隐喻和象征的设计手法，大胆运用装饰色彩。

后现代主义风格建筑与室内设计的代表人物有美国建筑师文丘里、格雷夫斯，华裔建筑师贝聿铭和日本建筑师安藤忠雄等。

贝聿铭1917年生于广州，著名美籍华裔建筑师，其父是中国银行创始人之一贝祖怡。10岁随父亲来到上海；18岁到美国，先后在麻省理工学院和哈佛大学学习建筑，于1955年建立自己的建筑事务所，

1983年获普利兹克建筑奖（被称为建筑界的"诺贝尔奖"的世界建筑领域最高奖项）。

贝聿铭设计的建筑始终秉承着现代建筑的传统，他坚信建筑不是流行风尚，不可能时刻改变；建筑是千秋大业，要对社会、历史负责。他持续地对形式、空间和建材进行技术研究与探讨，使作品更加多样化。他从不为自己的设计辩说，从不自己执笔阐释、解析作品观念，他认为建筑物本身就是最佳的宣言。他注重抽象的形式，喜爱石材、混凝土、玻璃和钢等材料。

贝聿铭的作品一直以来都饱受争议，但随着时间的流逝，人们对他设计的建筑逐渐理解和认同，他也成为20世纪最成功的建筑师之一。其代表作品有美国华盛顿国家美术馆东馆、北京香山饭店和香港中银大厦等。

香山饭店坐落在北京西山的香山公园内，总建筑面积约36 900平方米，其周边自然环境优美，景色迷人。香山饭店吸收了许多中国古典建筑和古典园林的设计手法和设计素材。在平面布局上，采用中轴线对称的院落式布局形式，其中后花园是香山饭店的主要庭院，三面被建筑所包围，朝南的一面敞开，远山近水，叠石小径，高树铺草，布置得非常得体，既有江南园林精巧的特点，又有北方园林开阔的空间。中间设有"常春四合院"，那里有一片水池，一座假山和几株青竹，使前庭后院有了连续性。

在设计上，贝聿铭大胆地重复使用两种最简单的几何图形：正方形和圆形，形成重复的韵律美和节奏美；同时还吸收了中国古典园林设计手法中的漏窗、花格、宫灯和月洞门等样式，展现出中国传统文化的魅力。

整个香山饭店的装修，从室外到室内，基本上只用三种颜色：白色是主调，灰色是仅次于白色的中间色调，黄褐色用作小面积点缀色彩。这三种颜色组合在一起，使室内室外空间和谐统一，宁静高雅。

安藤忠雄1941年生于日本大阪，早年当过货车司机和职业拳手，以自学方式学习建筑并成为专业的建筑师。18岁时，安藤开始考察日本文化古城京都和奈良的庙宇、神殿和茶室等传统建筑。1962年起开始游历欧美，考察研究西方著名建筑，并绘制了大量的旅游速写。1969年，成立自己的建筑研究所，1995年获普利兹克建筑奖。

安藤忠雄设计的建筑坚持走现代与自然相结合的道路，他喜欢将绿植、水和光等自然元素与现代简约的清水混凝土建筑相结合，表现出建筑与环境的高度协调性。安藤忠雄设计的建筑是空间和形式的完美结合，突破了传统观念的束缚，注重创新，通过最基本的几何形式获得抽象的设计概念。纽约州立大学前校长普切斯评价安藤忠雄时说："安藤忠雄建筑哲学最关键的部分就是创造一种界限，他可营造一种让人反省的空间，他所包装的空间可以使人们在阳光和树荫、空气和水中相互交融，而远离城市的喧嚣。"其代表作品有神户六甲集合住宅、光之教堂、本福寺水御堂、神户兵库县立美术馆等。

后现代主义风格的建筑与室内设计如图1-21～图1-24所示。

5. 解构主义派

解构主义是20世纪60年代，以法国哲学家德里达为代表提出的哲学观念，是对20世纪前期欧美盛行的结构主义理论思想传统的质疑和批判。解构主义认为一切固有的确定性，所有的既定界限、概念和范畴都应该颠覆和推翻，主张以创新思想来解析和重组各种理论。建筑和室内设计中的解构主义派对传统古典设计模式和构图规律采取否定的态度，强调不受历史文化和传统理性的约束，追求创新的设计理念。其主要观点如下。

（1）强调设计的个性，无中心，无约束，无绝对权威。

（2）追求毫无关系的复杂性，运用分解、叠加和重组等设计手法创造新的样式，喜爱抽象和不和谐的形态。

（3）热衷于分析既有的设计理论，创造新颖、奇特的新形象。

（4）强调设计的无秩序性，追求设计的多元化和非统一化。

解构主义派的代表人物有盖里、库哈斯、屈米、波菲尔和哈迪德等。解构主义派作品如图1-25～图1-29所示。

图1-21 后现代主义建筑师文丘里设计的母亲住宅（左上图）和自住住宅（左下图），以及建筑师格
雷夫斯设计的波特兰公共服务大楼室内（右图）

图1-22 后现代主义风格设计大师贝聿铭设计的香山饭店

图 1-23　后现代主义风格设计大师安藤忠雄设计的光之教堂（左图）和水之教堂（右图）

图 1-24　后现代主义风格设计大师安藤忠雄设计的神户兵库县立美术馆

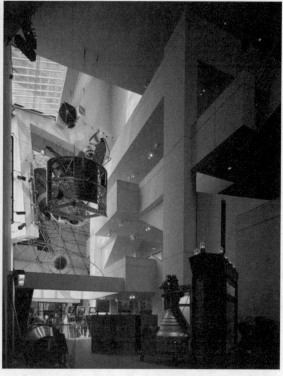

图 1-25　解构主义派建筑师盖里设计的室内空间

图 1-26　解构主义派建筑师屈米的作品

图 1-27　解构主义派建筑师波菲尔的作品

图 1-28　解构主义派建筑师哈迪德设计的维特拉消防站（上图）和广州歌剧院（下图）

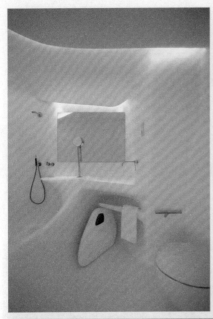

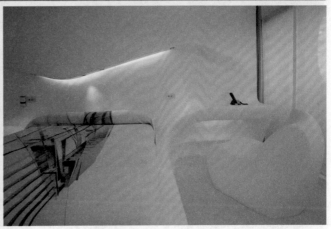

图1-29 解构主义派建筑师哈迪德设计的室内空间

6. 高技派

高技派亦称"重技派",活跃于20世纪50—70年代,在理论上极力宣扬机器美学和新技术的美感,注意表现高度工业技术的设计倾向,讲究精美技术与粗野主义相结合。其主要特点如下。

(1) 提倡采用新材料高强钢、硬铝和塑料等来制造体量轻、用料少、能够快速与灵活装配的建筑。

(2) 暴露结构,构造外翻,显示内部构造和管道线路,着力反映工业成就,体现工业技术的机械美感,宣传未来主义。

(3) 努力营造透明的空间效果,室内多采用玻璃和金属等透明和半透明材料。

(4) 强调新时代的审美观应考虑技术的决定因素,力求使高度工业技术接近人们习惯的生活方式和传统的美学观。

高技派建筑的代表作有巴黎蓬皮杜艺术与文化中心、香港汇丰银行大厦和奇芭欧文化中心等。如图1-30和图1-31所示。

7. 光亮派

光亮派也称银色派,注重在室内设计中夸耀新型材料及现代加工工艺的精密细致及光亮效果,往往在室内大量采用镜面及平曲面玻璃、不锈钢、磨光花岗石和大理石等材料作为装饰面材。在室内环境的照明方面,常使用具有折射和反射效果的各类新型光源和灯具,这样在金属和镜面材料的烘托下,会形成光彩

图1-30 高技派建筑巴黎蓬皮杜艺术与文化中心

图1-31 高技派室内空间

照人、绚丽夺目的室内气氛。如图 1-32 和图 1-33 所示。

8. 风格派

风格派兴起于 20 世纪 20 年代的俄国运动，以画家蒙德里安和设计师里特维尔德为代表，强调纯造型的表现和绝对抽象的设计原则，主张从传统及个性崇拜的约束下解放艺术，认为艺术应脱离于自然而取得独立，艺术家只有用几何形象的组合和构图来表现宇宙根本的和谐法则才是最重要的。

风格派还认为："把生活环境抽象化，这对人们的生活就是一种真实。"他们在室内装饰和家具设计中经常采用几何形体，色彩上以红、黄、蓝三原色为主调，辅以黑、灰、白等无彩色。风格派的室内设计，在色彩及造型方面都具有极为鲜明的特征与个性，建筑与室内常以几何方块为基础，并通过屋顶和墙面的凹凸以及强烈的色块对比进行强调。

风格派建筑与室内设计如图 1-34 和图 1-35 所示。

9. 白色派

白色派是后现代主义设计风格中一个重要的派别，主要的设计特点如下。

（1）在建筑和室内设计中大量使用白色，给人以纯净、简约和朴素的感觉，也使建筑与室内空间富有深沉的思想内涵，表现出一种超凡脱俗的意境。

（2）注重建筑与自然环境的结合，重视室内空间的利用，强调空间的功能分区，以及室内与室外景观的相互渗透。

（3）简化装饰，注重整体效果，较少细节处理。

白色派的代表人物是美国建筑师迈耶。

迈耶毕业于纽约州伊萨卡城康奈尔大学，早年曾在纽约的 S.O.M 建筑事务所和布劳耶事务所任职，并兼任过许多大学的教职，1963 年创立自己的建筑工作室。

迈耶的作品以"顺应自然"的理论为基础，表面材料常用白色，以绿色的自然景物衬托，使人觉得清新、脱俗。他善于利用白色表达建筑本身与周围环境的和谐关系，在建筑内部空间则运用自然光线的反射达到光影变化的效果。他以新的观点解释旧的建筑语汇，并重新组合出几何空间。他十分推崇 20 年代荷兰风格派的设计，也十分崇拜柯布西耶的立体主义构图和光影变化理论，强调面的穿插，讲究纯净的建筑空间和体量。

迈耶评价自己的作品时说："白色是一种极好的色彩，能将建筑和当地的环境很好地分隔开。像瓷器有完美的界面一样，白色也能使建筑在灰暗的天空中显示出其独特的风格特征。雪白是我作品中的一个最大的特征，用它可以阐明建筑学理念并强调视觉影像的功能。白色也是在光与影、空旷与实体展示中最好的鉴赏。因此从传统意义上说，白色是纯洁、透明和完美的象征。"迈耶的代表作有罗马千禧教堂、道格拉斯住宅和巴塞罗那现代艺术馆等。如图 1-36 和图 1-37 所示。

10. 自然主义派

自然主义派倡导回归自然的设计手法，推崇自然与现代相结合的设计理念，美学上推崇"自然美"，认为只有崇尚自然、结合自然，才能在当今高科技、快节奏的社会生活中获取生理和心理的平衡。室内多用木材、石材和藤制品等天然材料，营造出清新、淡雅的气氛。此外，由于田园风格的宗旨和手法与自然主义风格雷同，也可把田园风格归入自然风格一类。田园风格在室内环境中力求表现悠闲、舒畅和自然的田园生活情趣，也常运用天然木、石、藤、竹等材料，巧于设置室内绿化，创造出自然、简朴和雅致的氛围。田园风格中最具代表性的是英式田园风格、法式田园风格和美式田园风格。

英式田园风格的特点是大量使用纯手工制作的华美的布艺，其布面花色秀丽，多以纷繁的花卉图案为主。碎花、条纹、苏格兰图案是英式田园风格家具永恒的主调。家具材质多使用松木、椿木制作，造型考究，雕刻精美。

法式田园风格的特点是家具的洗白处理及大胆的配色。室内多以红、黄、蓝等纯色的明媚色彩为主调，显示出法兰西民族的浪漫情调；室内家具多采用卷曲的弧线和精美的纹饰，展现出优雅的气度和高贵

图 1-32　光亮派室内空间 （1）

图 1-33　光亮派室内空间 （2）

图 1-34　风格派的三大经典：里特维尔德设计的红蓝黄椅（左上图）和乌德勒支住宅（右图），以及
　　　　蒙德里安的"冷抽象"绘画（左下图）

图 1-35　风格派室内空间

图 1-36　白色派建筑与室内设计的代表迈耶设计的道格拉斯住宅

图 1-37　白色派室内空间

的品质。

美式田园风格有务实、规范、成熟的特点，在材料选择上多倾向于较硬、粗糙、质朴的材质，如毛石、带清晰木纹的实木材料、鹿头等。美式田园风格格调清婉惬意、雅致休闲，色彩多以淡雅的木本色、板岩色和古董白居多，随意涂鸦的花卉图案为主流特色，线条随意但注重干净、干练。其风格自然朴实又不失高雅的气质。

自然主义派作品如图 1-38～图 1-41 所示。

图 1-38　自然主义派室内空间

图 1-39　英式田园风格室内

图 1-40　法式田园风格室内

图 1-41　美式田园风格室内空间

1. 室内设计主要有哪些风格和流派?
2. 巴洛克室内设计风格有哪些特点?
3. 洛可可室内设计风格有哪些特点?
4. 高技派室内设计风格有哪些特点?

第二章 室内空间设计

第一节 室内空间设计概述

一、室内空间设计的概念

室内空间是相对于室外空间而言的，是人类劳动的产物，是人类在漫长的劳动改造中不断完善和创造的建筑内部环境形式。室内空间设计就是对建筑内部空间进行的合理规划和再创造。

二、室内空间功能

室内空间的功能包括物质功能和精神功能两方面。室内空间的物质功能表现为对室内交通、通风、采光、隔声和隔热等物理环境需求的满足，以及对空间的面积、大小、形状、家具布置等使用要求的满足。室内空间的精神功能表现为室内的审美理想，包括对文化心理、民族风俗、风格特征、个人喜好等精神功能需求的满足，使人获得精神上的满足和享受。

对于室内空间的审美，不同的人有着不同的要求。室内设计师要根据不同的群体合理地变化，在满足客户要求的基础上，积极引导客户提高对空间美感的理解，努力创造尽善尽美的室内空间形式。室内空间的美感主要体现在形式美和意境美两个方面。空间的形式美主要表现在空间构图上，如统一与变化、对比与协调、韵律与节奏、比例与尺度等；空间的意境美主要表现在空间的性格和个性上，强调空间范围内的环境因素与环境整体保持时间和空间上的连续性，建立和谐的"对话关系"。

三、室内空间设计的基本内容

室内空间设计主要包含两个方面的内容。

1. 空间的组织、调整和再创造

空间的组织、调整和再创造是指根据不同室内空间的功能需求对室内空间进行的区域划分、重组和结构调整。室内设计的任务就是对室内空间的完善和再创造。

2. 空间界面的设计

空间界面是指围合空间的地面、墙面和顶面。空间界面的设计就是要根据界面的使用功能和美学要求对界面进行艺术化的处理，包括运用材料、色彩、造型和照明等技术与艺术手段，达到功能与美学效果的完美统一。

空间界面的设计如图 2-1～图 2-3 所示。

图 2-1 室内天花处理

图 2-2 室内墙面处理

图 2-3　室内地面处理

第二节　室内空间的类型

室内空间的类型是根据建筑空间的内在和外在特征来进行区分的，整体上可以划分为内部空间和外部空间两大类，具体可以划分为以下几个类型。

1. 开敞空间与封闭空间

开敞空间是一种建筑内部与外部联系较紧密的空间类型。其主要特点是墙体面积少，采用大开洞和大玻璃门窗的形式，强调空间环境的交流，室内与室外景观相互渗透，讲究对景和借景。在空间性格上，开敞空间是外向型的，限制性与私密性较小，收纳性与开放性较强。如图 2-4 所示。

图 2-4　开敞空间

封闭空间是一种建筑内部与外部联系较少的空间类型。在空间性格上，封闭空间是内向型的，体现出静止、凝滞的效果，具有领域感和安全感，私密性较强，有利于隔绝外来的各种干扰。为防止封闭空间的单调感和沉闷感，室内可以采用设置镜面增强以反射效果，或以灯光造型设计和人造景窗等手法来处理空间界面。如图 2-5 所示。

图 2-5　封闭空间

2. 静态空间和动态空间

静态空间是一种空间形式非常稳定、静止的空间类型。其主要特点是空间较封闭，限定度较高，私密性较强，构成比较单一，多采用对称、均衡和协调等表现形式，色彩素雅，造型简洁。如图 2-6 和图 2-7 所示。

动态空间是一种空间形式非常活泼、灵动的空间类型。其主要特点是空间呈现出多变性和多样性，动感较强，有节奏感和韵律感，空间形式较开放。多采用曲线和曲面等表现形式，色彩明亮、艳丽。营造动态空间可以通过以下几种手法：

① 利用自然景观，如喷泉、瀑布和流水等；

② 利用各种物质技术手段，如旋转楼梯、自动扶梯和升降平台等；

③ 利用动感较强、光怪陆离的灯光；

④ 利用生动的背景音乐；

⑤ 利用文字的联想。

动态空间如图 2-8～图 2-10 所示。

图 2-6 静态空间 (1)

图 2-7 静态空间 (2)

图 2-8　动态空间（1）

图 2-9　动态空间（2）

图 2-10　动态空间（3）

3. 虚拟空间

虚拟空间是一种无明显界面但又有一定限定范围的空间类型。它是在已经界定的空间内，通过界面的局部变化而再次限定的空间形式，即将一个大空间分隔成许多小空间。其主要特点是空间界定性不强，可以满足一个空间内的多种功能需求，并创造出某种虚拟的空间效果。虚拟空间多采用列柱隔断、水体分隔，家具、陈设和绿化隔断以及色彩、材质分隔等形式，对空间进行界定和再划分。如图 2-11和图 2-12 所示。

4. 下沉式空间与地台空间

下沉式空间是一种领域感、层次感和围护感较强的空间类型。它是将室内地面局部下沉，在统一的空间内产生一个界限明确、富有层次变化的独立空间。其主要特点是空间界定性较强，有一定的围护效果，给人以安全感，中心突出，主次分明。如图 2-13 所示。

地台空间是将室内地面局部抬高，使其与周围空间相比变得醒目与突出的一种空间类型。其主要特点是方位感较强，有升腾、崇高的感觉，层次丰富，中心突出，主次分明。如图 2-14 所示。

5. 凹入空间与外凸空间

凹入空间是指将室内墙面局部凹入，形成墙面进深层次的一种空间类型。其主要特点是私密性和领域感较强，有一定的围护效果，可以极大地丰富墙面装饰效果。其中，凹入式壁龛是室内界面设计中用于处理墙面效果常见的设计手法，它使墙面的层次更加丰富，视觉中心更加明确。此外，在室内天花的处理上也常用凹入式手法来丰富空间层次。如图 2-15 和图 2-16 所示。

外凸空间是指将室内墙面局部凸出，形成墙面进深层次的一种的空间类型。其主要特点是外凸部分视野较开阔，领域感强。现代居室设计中常见的飘窗就是外凸空间的一种，它使室内与室外景观更好地融合在一起，采光也更加充足。如图 2-17 所示。

图 2-11　虚拟空间（1）

图 2-12　虚拟空间（2）

图 2-13　下沉式空间

图 2-14　地台空间

图 2-15　凹入空间（1）

图 2-16　凹入空间（2）

图 2-17　外凸空间

6. 结构空间和交错空间

　　结构空间是一种通过对建筑构件进行暴露来表现结构美感的空间类型。其主要特点是现代感、科技感较强，整体空间效果较质朴。如图 2-18 和图 2-19 所示。

　　交错空间是一种具有流动效果、相互渗透、穿插交错的空间类型。其主要特点是空间层次变化较大，节奏感和韵律感较强，有活力，有趣味。如图 2-20 所示。

7. 共享空间

　　共享空间由建筑师波特曼首创，在世界上享有极高的盛誉。共享空间是将多种空间体系融合在一起，在空间形式的处理上采用大中有小、小中有大、内外镶嵌、相互穿插的手法，形成层次分明、丰富多彩的空间环境。如图 2-21 所示。

　　1. 什么是开敞空间？
　　2. 营造动态空间有哪几种手法？
　　3. 什么是虚拟空间？

图 2-18　结构空间（1）

图 2-19　结构空间（2）

图 2-20 交错空间

图 2-21 共享空间

第三节　室内空间的造型要素

在室内空间设计中，空间的效果由各种要素组成，这些要素包括色彩、照明、造型、图案和材质等。造型是其中最重要的一个环节，造型由点、线、面三个基本要素构成。

1. 点

点在概念上是指只有位置而没有大小，没有长、宽、高和方向性。点在空间设计中有非常突出的作用，单独的点具有强烈的聚焦作用，可以成为室内的中心；对称排列的点给人以均衡感；连续、重复的点给人以节奏感和韵律感；不规则排列的点，给人以方向感和方位感。

静态的形、空间中较小的形都可以称为点。点在空间中无处不在，一盏灯、一盘花或一张沙发，都可以看作是一个点。点既可以是一件工艺品，宁静地摆放在室内；也可以是闪烁的烛光，给室内带来韵律和动感。点可以增加空间层次，活跃室内气氛。如图 2-22 所示。

图 2-22　点在空间中的应用

2. 线

线是点移动的轨迹，线由各点连接而成。线具有生长性、运动性和方向性。线有长短、宽窄和直曲之分。在室内空间环境中，凡长度方向较宽度方向大得多的构件都可以被视为线，如室内的梁、柱、管道等。常见的线包括直线和曲线。

1）直线

直线具有男性的特征，刚直挺拔，力度感较强。直线分为水平线、垂直线和斜线。水平线让人觉得宁静和轻松，给人以稳定、舒缓、安静、平和的感觉，可以使空间更加开阔，在层高偏高的空间中使用水平线可以给人以空间降低的感觉；垂直线能表现一种与重力相均衡的状态，给人以向上、崇高和坚韧的感觉，使空间的伸展感增强，在低矮的空间中使用垂直线，可以给人以空间增高的感觉；斜线具有较强的方向性和强烈的动感特征，使空间产生速度感和上升感。如图2-23和图2-24所示。

2）曲线

曲线具有女性的特征，表现出一种由侧向力引起的弯曲运动感，显得柔软丰满、轻松、幽雅。曲线分为几何曲线和自由曲线，几何曲线包括圆、椭圆和抛物线等规则的曲线，具有均衡、秩序和规整的特点；自由曲线是一种不规则的曲线，包括波浪线、螺旋线和水纹线等，富于变化和动感，具有自由、随意和优美的特点。如图2-25和图2-26所示。

3. 面

线的并列形成面，面可以看成由一条线移动展开而成，直线展开形成平面，曲线展开形成曲面。面可分为规则的面和不规则的面，规则的面包括对称的面、重复的面和渐变的面等，具有和谐、规整和秩序的特点；不规则的面包括对比的面、自由性的面和偶然性的面等，具有变化、生动和趣味的特点。如图2-27和图2-28所示。

图2-23　水平线在空间中的应用

图 2-24　垂直线在空间中的应用

图 2-25　几何曲线在空间中的应用

图 2-26　自由曲线在空间中的应用

图 2-27　重复的面

图 2-28　对比的面

面的设计手法主要有以下几种。

1）表现结构的面

即运用结构外露的处理手法形成的面。这种面具有较强的现代感和粗犷的美感，结构本身还体现了一种力量，形成连续的节奏感和韵律感。如图 2-29 和图 2-30 所示。

图 2-29　表现结构的面（1）

图 2-30　表现结构的面（2）

2) 表现层次变化的面

即运用凹凸变化、深浅变化和色彩变化等处理手法形成的面。这种面具有丰富的层次感和体积感。如图2-31～图2-33所示。

图2-31　凹凸变化的面

图 2-32　色彩变化的面（1）

图 2-33　色彩变化的面（2）

3）表现动感的面

即使用动态造型元素设计而成的面，如旋转而上的楼梯、波浪形的天花造型和自由的曲面效果等。动感的面具有灵动、优美的特点，表现出活力四射、生机勃勃的感觉。如图 2-34 所示。

图 2-34　表现动感的面

4）表现质感的面

即通过表现材料肌理质感变化而形成的面。这种面具有粗犷、自然的美感。如图 2-35 所示。

图 2-35　表现质感的面

5）倾斜的面

即运用倾斜的处理手法来设计的面。这种面给人以新颖、奇特的感觉。如图 2-36 所示。

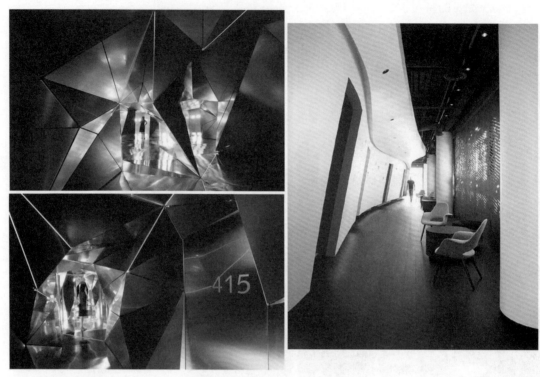

图 2-36　倾斜的面

6）仿生的面

即模仿自然界动植物形态设计而成的面。这种面给人以自然、朴素和纯净的感觉。如图2-37 所示。

图 2-37　仿生的面

7）表现光影的面

即运用光影变化效果来设计的面。这种面给人以虚幻、灵动的感觉。如图 2-38 所示。

8）同构的面

同构即同一种形象经过夸张、变形，应用于另一种场合的设计手法。同构的面给人以新奇、戏谑的效果。如图 2-39 所示。

图 2-38　表现光影的面

图 2-39　同构的面

9）渗透的面

即运用半通透的处理手法形成的面。这种面给人以顺畅、延续的感觉。如图 2-40 所示。

图 2-40　渗透的面

10）趣味性的面

即利用带有娱乐性和趣味性的图案设计而成的面。这种面给人以轻松、愉快的感觉。如图2-41 和图2-42 所示。

图 2-41　趣味性的面（1）

图 2-42 趣味性的面（2）

11）表现重点的面

即在空间中占主导地位的面。这种面给人以集中、突出的感觉。如图 2-43 所示。

图 2-43 表现重点的面

12）表现节奏和韵律的面

即利用有规律的、连续变化的形式设计的面。这种面给人以活泼、愉悦的感觉。如图2-44和图2-45所示。

综上所述，空间是由诸多元素构成的，其中点、线、面是组成空间的基本元素，它们之间的相互联结、相互渗透才能构成和谐美观的空间形式。

图2-44　表现节奏和韵律的面（1）

图 2-45　表现节奏和韵律的面（2）

1. 点在空间中的作用是什么？

2. 曲线在设计中的作用是什么？

3. 面的设计手法有哪些？

第三章 人体工程学与室内设计

第一节 人体工程学概述

一、人体工程学的含义与发展

人体工程学（human engineering），也称人类工效学、人机工程学、人机工效学、人间工学或工效学（ergonomics）。工效学ergonomics原出希腊文"ergo"，即工作、劳动和效果的意思，也可以理解为探讨人们劳动、工作效果和效能的规律性。人体工程学即研究"人-机-环境"系统中人、机器和环境三大要素之间关系的学科。人体工程学可以为"人-机-环境"系统中人的最大效能的发挥以及人的健康问题提供理论数据和实施方法。

人体工程学是20世纪40年代后期发展起来的一门边缘学科，是随着军事及航天的需要发展起来的，其萌芽于第一次世界大战，建立于第二次世界大战结束后，其发展历程如下。

- 1950年英国成立世界第一个人类工效学学会；
- 1961年国际人类工效学协会成立；
- 1989年中国人类工效学协会成立。

当今社会正向着后工业社会和信息社会发展，"以人为本"的思想已经渗透到社会的各个领域。人体工程学强调从人自身出发，在以人为主体的前提下研究人的衣、食、住、行以及生产、生活规律，探知人的工作能力和极限，最终使人们所从事的工作趋向于适应人体解剖学、生理学和心理学的各种特征。"人-机-环境"是一个密切联系在一起的系统，运用人体工程学主动地、高效率地支配生活环境将是未来设计领域重点研究的一项课题。

应用人体工程学具体到室内设计，以人为主体，运用人体计测、生理、心理计测等手段和方法，研究人体结构功能、心理、力学等方面与室内环境之间的合理协调关系，以适合人的身心活动要求，取得最佳的使用效能，其目标是安全、健康、高效能和舒适。

二、人体工程学的基本数据

人的工作、生活、学习和睡眠等行为千姿百态，有坐、立、仰、卧之分，这些形态在活动过程中会涉及一定的空间尺度范围，这些空间范围按照测量的方法可以分为构造尺寸和功能尺寸。

1. 构造尺寸

构造尺寸是指静态的人体尺寸，是人体处于固定的标准状态下测量出的数据。这些数据包括手臂长度、腿长度和坐高等。它对于与人体有直接接触关系的物体（如家具、服装和手动工具等）有较大的设计参考价值，可以为家具设计、服装设计和工业产品设计提供参考数据。人体构造尺寸如图3-1～图3-3所示。

对图3-1中各段说明如下。

（1）身高：指人身体直立、眼睛向前平视时从地面到头顶的垂直距离。

（2）最大人体宽度：指人直立时身体正面的宽度。

（3）垂直手握高度：指人站立时手臂向上伸直能握到的高度。

（4）立正时眼高：指人身体直立、眼睛向前平视时从地面到眼睛的垂直距离。

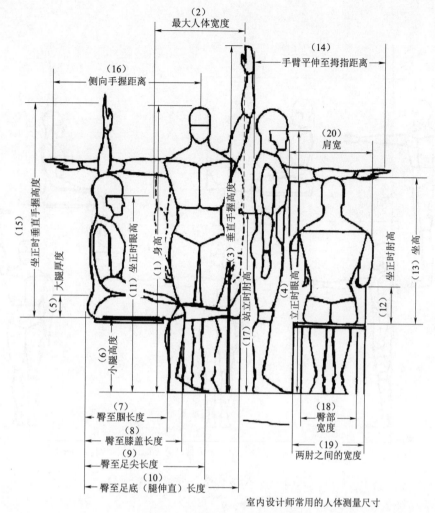

（2）
最大人体宽度

（14）
手臂平伸至拇指距离

（16）
侧向手握距离

（20）
肩宽

（15）坐正时的垂直手握高度

大腿厚度

（11）坐正时眼高

（1）身高

（3）垂直手握高度

（13）坐高

（12）坐正时眼高

（5）

（6）小腿高度

（17）站立时肘高

（4）立正时肘高

（18）臀部宽度

（7）臀至腘长度

（8）臀至膝盖长度

（9）臀至足尖长度

（10）臀至足底（腿伸直）长度

（19）两肘之间的宽度

室内设计师常用的人体测量尺寸

图 3-1　人体构造尺寸数据图（1）

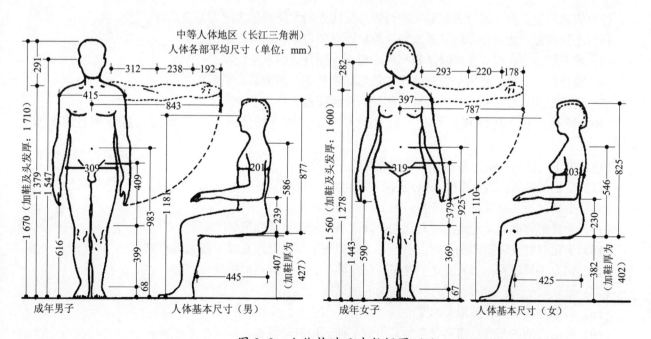

中等人体地区（长江三角洲）
人体各部平均尺寸（单位：mm）

成年男子　　　人体基本尺寸（男）　　　成年女子　　　人体基本尺寸（女）

图 3-2　人体构造尺寸数据图（2）

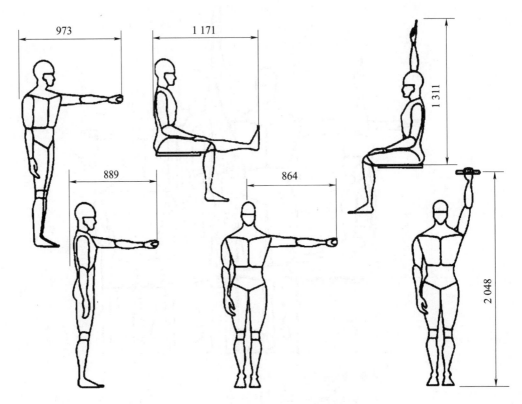

中等人体地区（长江三角洲）人体部分平均尺寸（单位：mm）

图 3-3　人体构造尺寸数据图（3）

　　（5）大腿厚度：指从座椅表面到大腿与腹部交接处的大腿端部之间的垂直高度。

　　（6）小腿高度：指人坐着时从地面到膝盖背面（腿弯处）的垂直距离。

　　（7）臀至腘长度：指人坐着时从臀部最后面到小腿背面的水平距离。

　　（8）臀至膝盖长度：指人坐着时从臀部最后面到膝盖骨前面的水平距离。

　　（9）臀至足尖长度：指人坐着时从臀部最后面到脚趾尖的水平距离。

　　（10）臀至足底（腿伸直）长度：指人坐着时在腿伸直的情况下，从臀部最后面到足底的水平距离。

　　（11）坐正时眼高：指人坐着时眼睛到地面的垂直距离。

　　（12）坐正时肘高：指从座椅表面到肘部尖端的垂直距离。

　　（13）坐高：指人坐着时从座椅表面到头顶的垂直距离。

　　（14）手臂平伸至拇指距离：指人直立手臂向前平伸时后背到拇指的距离。

　　（15）坐正时垂直手握高度：指人坐正时从座椅到手臂向上伸直时能握到的距离。

　　（16）侧向手握距离：指人直立手臂向一侧平伸时，手能握到的距离。

　　（17）站立时肘高：指人直立时肘部到地面的高度。

　　（18）臀部宽度：指臀部正面的宽度。

　　（19）两肘之间的宽度：指两肘弯曲、前臂平伸时两肘外侧面之间的水平距离。

　　（20）肩宽：指人肩部两个三角肌外侧的最大水平距离。

人体尺寸随着年龄、性别和地区差异各不相同。同时，随着时代的进步，人们的生活水平逐渐提高，人体尺寸也在发生着变化。根据中国建筑科学研究院早期发表的《人体尺度的研究》中的不同地区人体各部分平均尺寸的测量值（见表3-1），可作为设计时的参考。

表3-1　不同地区人体各部分平均尺寸　　　　　　　　　　　　　　　　单位：mm

编号	部　位	较高人体地区 （冀、鲁、辽）		中等人体地区 （长江三角洲）		较低人体地区 （广东、四川）	
		男	女	男	女	男	女
1	身高	1 690	1 580	1 670	1 560	1 630	1 530
2	最大人体宽度	520	487	515	482	510	477
3	垂直手握高度	2 068	1 958	2 048	1 938	2 008	1 908
4	立正时眼高	1 573	1 474	1 547	1 443	1 512	1 420
5	大腿厚度	150	135	145	130	140	125
6	小腿高度	412	387	407	382	402	377
7	臀至腘长度	451	431	445	425	439	419
8	臀至膝盖长度	601	581	595	575	589	569
9	臀至足尖长度	801	781	795	775	789	769
10	臀至足底（腿伸直）长度	1 177	1 146	1 171	1 141	1 165	1 135
11	坐正时眼高	1 203	1 140	1 181	1 110	1 144	1 078
12	坐正时肘高	243	240	239	230	220	216
13	坐高	893	846	877	825	850	793
14	手臂平伸至拇指距离	909	853	889	833	869	813
15	坐正时垂直手握高度	1 331	1 375	1 311	1 355	1 291	1 335
16	侧向手握距离	884	828	864	808	844	788
17	站立时肘高	993	935	983	925	973	915
18	臀部宽度	311	321	309	319	307	317
19	两肘之间的宽度	515	482	510	477	505	472
20	肩宽	420	387	415	397	414	386

注：表中调研地区为抽样调查。

2. 功能尺寸

功能尺寸是指动态的人体尺寸，是人活动时肢体所能达到的空间范围，是在动态的人体状态下测量出的数据。功能尺寸是由关节的活动和转动所产生的角度与肢体的长度协调产生的空间范围，它对于解决许多带有空间范围和位置的问题很有用。相对于构造尺寸，功能尺寸的用途更加广泛，因为人总在运动着，人体是一个活动的、变化的结构。

运用功能尺寸进行设计产品时，应该考虑使用人的年龄和性别差异。如在家庭用具的设计中，首先应当考虑到老年人的要求，因为家庭用具一般不必讲究工作效率，主要是使用方便，在使用方便方面年轻人可以迁就老年人。家庭用具，尤其是厨房用具和卫生设备的设计，照顾老年人的使用是很重要的。老年人尤其老年妇女需要照顾，她们使用合适了，其他人使用一般不致发生困难；反之，倘若只考虑年轻人使用方便舒适，则老年妇女有时使用起来会有相当大的困难。老年妇女人体功能尺寸图如图3-4所示。

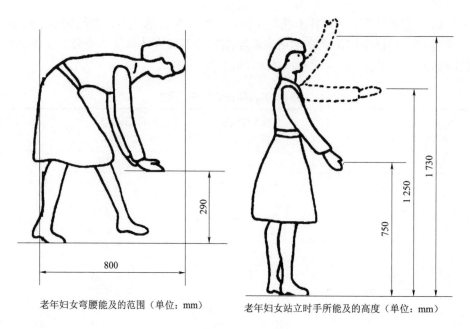

老年妇女弯腰能及的范围（单位：mm）　　老年妇女站立时手所能及的高度（单位：mm）

图3-4　老年妇女人体功能尺寸图

1. 什么是人体工程学？
2. 什么是人体的构造尺寸？
3. 什么是人体的功能尺寸？

第二节　人体工程学与室内设计的关系

一、人体工程学在室内设计中的作用

人体工程学在室内设计中的作用主要有以下几点。

1. 为确定空间范围提供依据

根据人体工程学中有关计测数据，从人的尺度、动作域和心理空间等方面，为确定空间范围提供依据。

2. 为家具设计提供依据

家具设施为人所使用，因此它们的形体、尺度必须以人体尺度为标准。同时，人们为了使用这些家具和设施，其周围必须留有活动和使用的最小空间，这些设计要求都可以通过人体工程学相关知识来解决。

3. 提供适应人体的室内物理环境的最佳参数

室内物理环境主要包括室内热环境、声环境、光环境、重力环境和辐射环境等。室内物理环境参数有助于设计师作出合理的、正确的设计方案。

4. 为确定感觉器官的适应能力提供依据

通过对视觉、听觉、嗅觉、味觉和触觉的研究，其研究结果为室内空间环境设计提供依据。

二、人体工程学在室内设计中的运用

1. 客厅中的尺度

客厅也称起居室，是家庭成员聚会和活动的场所，具有多方面的功能。它既是全家娱乐、休闲和团聚的地方，又是接待客人、对外联系交往的社交活动空间，因此客厅便成为住宅的中心。客厅应该具有较大的面积和适宜的尺度；同时，要求有较为充足的采光和合理的照明，面积一般在 20～30 m²，相对独立的空间区域较为理想。

客厅中的家具应根据功能要求来布置，其中最基本的要求是设计包括茶几在内的一组沙发和视听设备。其他要求要根据客厅的面积大小来确定，如空间较大，可以设置多功能组合家具，既能存放各种物品，又能美化环境。

客厅的家具布置形式很多，一般以长沙发为主，排成"一"字形、L形和U形等，同时应考虑多座位与单座位相结合，以适合不同情况下人们的心理需要和个性要求。客厅家具的布置要以利于彼此谈话的方便为原则，一般采取谈话者双方正对坐或侧对坐为宜，座位之间距离保持在 2 m 左右，这样的距离才能使谈话双方不费力。为了避免对谈话区的各种干扰，室内交通路线不应穿越谈话区，谈话区尽量设置在室内一角或尽端，以便有足够的实体墙面布置家具，形成一个相对完整的独立空间区域。

电视柜的高度为 400～600 mm，最高不能超过 710 mm。坐在沙发上看电视，座位高 400 mm，座位到眼的高度是 660 mm，合起来是 1 060 mm，这是视线的水平高度。如果用 29～33 寸的电视机，放在 500 mm 高的电视柜上，这时视线刚好在电视机荧光屏中心，是最合理的布置。如果电视柜高过710 mm，即变成仰视，根据人体工程学原理，仰视易令人颈部疲劳。至于电视屏幕与人眼睛的距离，则是电视机荧屏宽度的 6 倍。

单座位沙发的尺寸一般为 760 mm×760 mm，三座位沙发长度一般为 1 750～1 980 mm。很多人喜欢进口沙发，这种沙发的尺寸一般是 900 mm×900 mm，把它们放在小型单位的客厅中，会令客厅看起来狭小。转角沙发也较常用，转角沙发的尺寸为 1 020 mm×1 020 mm。沙发座位的高度约为 400 mm，座位深 530 mm 左右，沙发的扶手一般高 560～600 mm。所以，如果沙发无扶手，而用角几和边几的话，角几和边几的高度也应为 300～400 mm 高。

沙发宜软硬适中，太硬或太软的沙发都会使人腰酸背痛。茶几的尺寸一般是 1 070 mm×600 mm，高度是 400 mm。中大型单位的茶几，有时会用 1 200 mm×1 200 mm，这时，其高度会降低至 250～300 mm。茶几与沙发的距离为 350 mm 左右。

沙发尺寸如图 3-5 和图 3-6 所示。

2. 厨卫中的尺度

"民以食为天"，进餐的重要性不言而喻。在人口密集、住房紧张的大城市，住宅空间相对较小，如何在有限的居住面积中设计出合理的就餐空间，是室内设计师应重点考虑的设计问题之一。

1) 厨房的尺度

厨房是家庭生活用餐的操作间，人在这个空间是站立工作的，所有家具设施都要依据这个条件来设计。厨房的家具主要是橱柜，橱柜的设计应以家庭主妇的身体条件为标准。橱柜分为地柜和吊柜，地柜工作台的高度应以家庭主妇站立时手指能触及水盆底部为准。过高会令肩膀疲劳，过低则会腰酸背痛，常用的地柜高度尺寸是 800～900 mm，工作台面宽度不小于 460 mm。现在，有的橱柜可以通过调整脚座来使工作台面达到适宜的尺度。地柜工作台面到吊柜底的高度是 600～650 mm，最低不小于500 mm。油烟机的高度应使炉面到机底的距离为 750 mm 左右。冰箱如果是在后面散热的，两旁要各留 50 mm，顶部要留 250 mm；否则，散热慢，将会影响冰箱的功能。吊柜深度为 300～350 mm，高度为 500～600 mm，应保证站立时举手可开柜门。橱柜脚最易渗水，可将橱柜吊离地面150 mm。

厨房尺寸如图 3-7 所示。

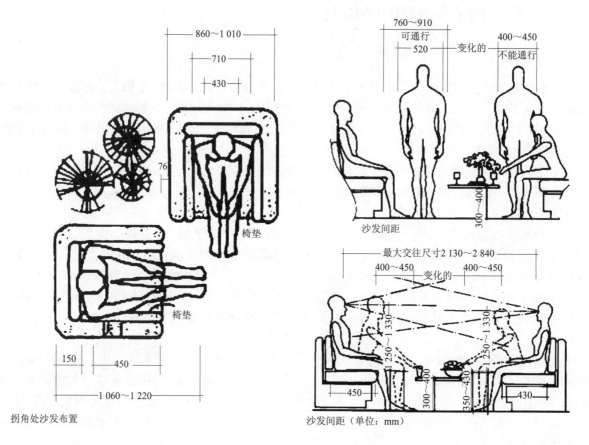

拐角处沙发布置　　　　　　　沙发间距（单位：mm）

图3-5　单人沙发尺寸

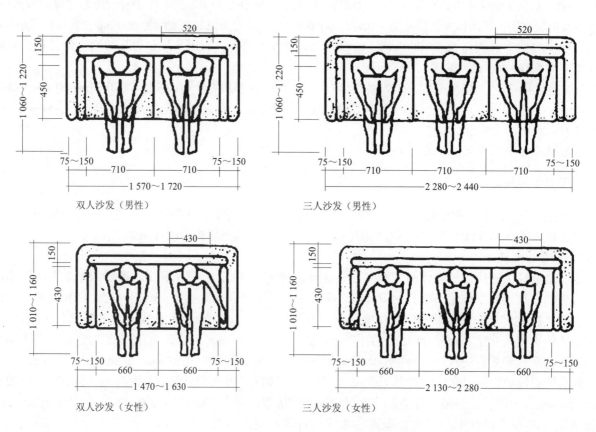

双人沙发（男性）　　　　　　　三人沙发（男性）

双人沙发（女性）　　　　　　　三人沙发（女性）

图3-6　多人沙发尺寸

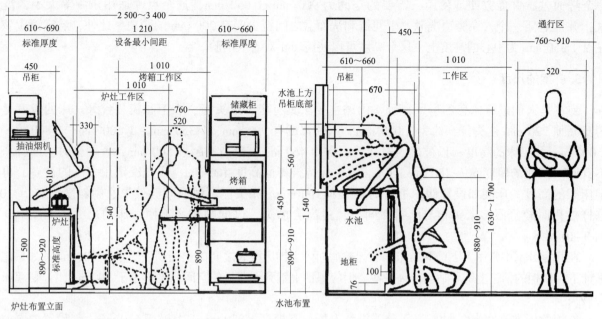

图 3-7 厨房尺寸

2）餐桌的尺寸

正方形餐桌常用尺寸为 760 mm×760 mm，长方形餐桌常用尺寸为 1 070 mm×760 mm。760 mm 的餐桌宽度是标准尺寸，至少也不能小于 700 mm，否则对坐时会因餐桌太窄而互相碰脚。餐桌高度一般为710 mm，配 415 mm 高度的座椅。圆形餐桌常用尺寸为直径 900 mm、1 200 mm 和 1 500 mm，分别坐4人、6人和10人。如图 3-8 所示。

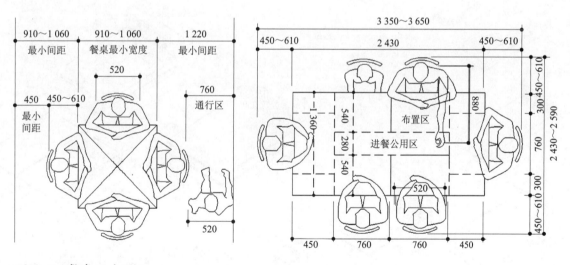

图 3-8　餐桌尺寸图

3）餐椅的尺寸

餐椅座位高度一般为 410 mm 左右，靠背高度一般为 400～500 mm，较平直，有 2°～3°的外倾，坐垫约厚 20 mm。

4）卫生间的尺度

卫生间是家庭成员卫生洁浴的场所，是具有排泄和清洗双重功能的空间。卫生间主要由坐便器、沐浴间（或浴缸）和洗面盆三部分组成。坐便器所占的面积为 370 mm×600 mm，正方形淋浴间的面积为 800 mm×800 mm，浴缸的标准面积为 1 600 mm×700 mm，悬挂式洗面盆占用的面积为 500 mm×700 mm，圆柱式洗面盆占用的面积为 400 mm×600 mm。浴缸和坐便器之间至少要有 600 mm 的距离。而安装一个洗面盆，并能方便地使用，需要的空间为 900 mm×1 050 mm，这个尺寸适用于中等大小的洗面盆，并能容下一个人在旁边洗漱。坐便器和洗面盆之间至少要有 200 mm 的距离。此外，浴室镜应该装在以 1 350 mm 为中心的高度上，这个高度可以使镜子正对着人的脸。

3. 卧室的尺度

卧室是人们进行休息的场所，卧室内的主要家具有床、床头柜、衣柜和梳妆台等。床的长度是人的身高加 220 mm 枕头位，约为 2 000 mm。床的宽度有 900 mm、1 350 mm、1 500 mm、1 800 mm 和 2 000 mm 等。床的高度，以被褥面来计算，常用 460 mm，最高不超过 500 mm，否则坐时会吊脚，很不舒服。被褥的厚度 50～180 mm 不等。为了保持被褥面高度 460 mm，应先决定用多高的被褥，再决定床架的高度。床底如设置储物柜，则应缩入 100 mm。床头屏可做成倾斜效果，倾斜度为15°～20°，这样使用时较舒服。床头柜与床褥面同高，过高会撞头，过低则放物不便。床的尺寸图如图3-9 和图 3-10 所示。

在儿童卧室中常用上下铺双人床，下铺被褥面到上铺床板底之间的空间高度不小于 900 mm。如果想在上铺下面做柜的话，上铺要适当升高一些，但应保证上铺到天花板的空间高度不小于 900 mm，否则起床时会碰头。

衣柜的标准高度为 2 440 mm，分下柜和上柜，下柜高 1 830 mm，上柜高 610 mm，如设置抽屉，则抽屉面每个高 200 mm。衣柜的宽度一个单元两扇门为 900 mm，每扇门 450 mm，常见的有四扇柜、五扇柜和六扇柜等。衣柜的深度常用 600 mm，连柜门最窄不小于 530 mm，否则会夹住衣服。衣柜柜门上如镶嵌全身镜，常用 1 070 mm×350 mm，安装时镜子顶端与人的头顶高度齐平。

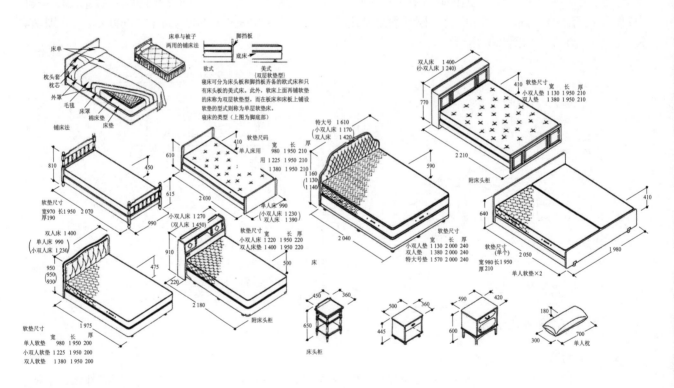

图 3-9　床的尺寸图（1）

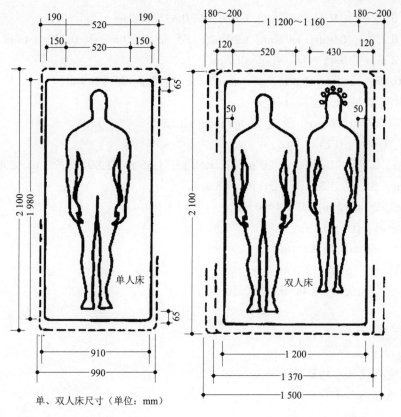

单、双人床尺寸（单位：mm）

图 3-10　床的尺寸图（2）

附 1：常用的室内尺寸

支撑墙体：厚 0.24 m

室内隔墙断墙体：厚 0.12 m

大门高 2.0~2.4 m，宽 0.90~0.95 m

室内房间门高 1.9~2.0 m，宽 0.8~0.9 m，门套厚 0.1 m

厕所和厨房门：宽 0.8~0.9 m，高 1.9~2.0 m

室内窗高 1.0 m，窗台距地面高 0.9~1.0 m

玄关宽 1.0 m，墙厚 0.24 m

阳台宽 1.4~1.6 m，长 3.0~4.0 m（一般与客厅的长度相同）

踏步高 0.15~0.16 m，长 0.99~1.15 m，宽 0.25 m

附 2：常用家具尺寸

单人床：宽 0.9 m、1.05 m、1.2 m；长 1.8 m、1.86 m、2.0 m、2.1 m；高 0.35~0.45 m。

双人床：宽 1.35 m、1.5 m、1.8 m，长、高同上。

圆床：直径 1.86 m、2.125 m、2.424 m。

矮柜：厚 0.35~0.45 m，柜门宽度 0.3~0.6 m，高 0.6 m。

衣柜：厚 0.6~0.65 m，柜门宽度 0.4~0.65 m，高 2.0~2.2 m

沙发：座深 0.8~0.9 m，座高 0.35~0.42 m，靠背高 0.7~0.9 m

单人式沙发：长 0.8~0.9 m，高 0.35~0.45 m

双人式沙发：长 1.26~1.50 m

三人式沙发：长 1.75~1.96 m

四人式沙发：长 2.32~2.52 m

小型长方形茶几：长 0.6~0.75 m，宽 0.45~0.6 m，高 0.33~0.42 m

大型长方形茶几：长 1.5~1.8 m，宽 0.6~0.8 m，高 0.33~0.42 m

圆形茶几：直径 0.75 m、0.9 m、1.05 m、1.2 m，高 0.33～0.42 m

正方形茶几：宽 0.75 m、0.9 m、1.05 m、1.20 m、1.35 m、1.50 m，高 0.33～0.42 m

书桌：长 0.8～1.2 m，宽 0.45～0.7 m，高 0.75 m

书架：厚 0.25～0.4 m，长 0.6～1.2 m，高 1.8～2.0 m，下柜高 0.8～0.9 m

餐椅：座面高 0.42～0.44 m，座宽 0.46 m

餐桌：中式一般高 0.75～0.78 m，西式一般高 0.68～0.72 m

方桌：宽 1.20 m、0.9 m、0.75 m

长方桌：宽 0.8 m、0.9 m、1.05 m、1.20 m、长 1.50 m、1.65 m、1.80 m、2.1 m、2.4 m

圆桌：直径 0.9 m、1.2 m、1.35 m、1.50 m、1.8 m

橱柜工作台：高 0.89～0.92 m，宽 0.4～0.6 m

抽油烟机与灶的距离：0.6～0.8 m

盥洗台：宽 0.55～0.65 m，高 0.85 m

淋浴间：0.9 m×0.9 m，高 2.0～2.4 m

坐便器：高 0.68 m，宽 0.38～0.48 m，深 0.68～0.72 m

1. 人体工程学在室内设计中的作用是什么？

2. 双人沙发长、宽、高各是多少？

3. 双人床长、宽、高各是多少？

第 四 章

室内家具与陈设设计

第一节　室内家具设计

家具起源于人的生活需求，是人类几千年文化的结晶。人类经过漫长的实践，使家具不断更新、演变，在材料、工艺、结构、造型、色彩和风格上都在不断完善。形形色色、变化万千的家具为室内设计师提供了更多的设计灵感和素材。家具已经成为室内环境设计的重要组成部分，家具的选择与布置是否合适，对于室内环境的装饰效果起着重大的作用。

一、家具的分类

1. 按使用功能分类

（1）支承类家具：指各种坐具、卧具，如凳、椅、床等。
（2）凭倚类家具：指各种带有操作台面的家具，如桌、台、几等。
（3）储藏类家具：指各种有储存或展示功能的家具，如箱柜、橱架等。
（4）装饰类家具：指陈设装饰品的开敞式柜类、成架类的家具，如博古架、隔断等。
如图4-1～图4-3所示。

2. 按结构特征分类

（1）框式家具：以榫接合为主要特点，木方通过榫接合构成承重框架，围合的板件附设于框架之上，一般一次性装配而成，不便拆装。
（2）板式家具：以人造板构成板式部件，用连接件将板式部件接合装配的家具。板式家具有可拆和不可拆之分。
（3）拆装式家具：用各种连接件或插接结构组装而成的可以反复拆装的家具。
（4）折叠家具：能够折动使用并能叠放的家具，便于携带、存放和运输。
（5）曲木家具：以实木弯曲或多层单板胶合弯曲而制成的家具。具有造型别致、轻巧、美观的优点。
（6）壳体家具：指整体或零件利用塑料或玻璃一次模压、浇注而成的家具。具有结构轻巧、形体新奇和新颖时尚的特点。
（7）悬浮家具：以高强度的塑料薄膜制成内囊，在囊内充入水或空气而形成的家具。悬浮家具新颖，有弹性、有趣味，但一经破裂则无法再使用。
（8）树根家具：以自然形态的树根、树枝、藤条等天然材料为原料，略加雕琢后经胶合、钉接、修整而成的家具。
如图4-4～图4-7所示。

3. 按材料分类

（1）木质家具：主要由实木与各种木质复合材料（如胶合板、纤维板、刨花板和细木工板等）构成的家具。
（2）塑料家具：整体或主要部件用塑料包括发泡塑料加工而成的家具。
（3）竹藤家具：以竹条或藤条编制而成的家具。

图 4-1　支承类家具

图 4-2　凭倚类家具

图 4-3 储藏类家具

图 4-4　框式家具

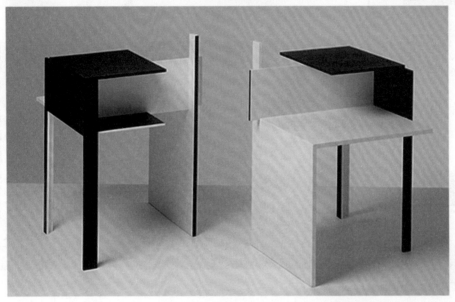

图 4-5　板式家具

图 4-6　壳体家具

图 4-7　曲木家具

（4）金属家具：以金属管材、线材或板材为基材生产的家具。

（5）玻璃家具：以玻璃为主要构件的家具。

（6）皮革和布艺家具：以各种皮革和布料为主要面料的家具。

如图4-8～图4-10所示。

图4-8　木质家具

图4-9　竹藤家具

图 4-10　皮革和布艺家具

二、家具的风格

1. 欧式古典家具

欧式古典家具有华丽、庄重和典雅的特点，其造型繁复，线条纯美，图案多为动物、植物和涡卷饰纹，尺度适宜，家具表面多采用浅浮雕，为显其高贵表面常涂饰金粉和油漆。

欧式古典家具如图 4-11 所示。

图 4-11　欧式古典家具

2. 中式古典家具

中式古典家具以明清时期的家具为代表。明式家具造型简练朴素、比例匀称、线条刚劲、功能合理、用材科学、结构精致、高雅脱俗，艺术成就达到了极致。

明式家具功能十分合理，关键部位的尺寸完全符合人体工程学。用材讲究，充分发挥了木材的性能。在结构上沿用了中国古建筑的梁柱结构，多用圆腿支撑，并作适当的收分，四腿略向外侧，符合力学原理。部件之间采用榫卯接合和嵌板接合，有利于木材的胀缩变形。

明式家具造型高雅脱俗，以线条为主，民族特色浓厚。装饰手法丰富多样，既有局部精微的雕刻，又有大面积的木材素面效果。家具雕刻以线雕和浮雕为主，构图对称均衡，图案多以吉祥图案为主，如灵草、牡丹、荷花、梅、松、菊、仙桃、凤纹、云水等。明式家具还采用了金属饰件，以铜居多。如拉手、合页、吊牌等多为白铜所制，很好地起到了保护家具的作用。

明式家具内容丰富多样，主要有椅凳类、几案类、橱柜类、床榻类、台架类和屏座类等。

明式家具如图 4-12 所示。

图 4-12　明式家具

清式家具以乾隆时期为代表。为了显示统治者的"文治武功"，高档家具层出不穷，形成了极端的豪华富贵之风。清式家具以简朴为华贵，造型趋向复杂烦琐，形体厚重，富丽气派。清式家具重视装饰，运用雕刻、镶嵌、描绘和堆漆等工艺手法，使家具表面效果更加丰富多彩。装饰题材繁多，以吉祥图案为主。家具用材讲究，常用紫檀、黄花梨、柚木等高档木材。

清式家具以苏式、京式和广式为代表。苏式家具以江浙为制造中心，风格秀丽精巧；京式家具因皇宫贵族的特殊要求，造型庄严宽大，威严华丽；广式家具以广东沿海为制造中心，并广泛地吸收了海外制造工艺，表现手法多样，家具风格厚重烦琐，富丽凝重，形成了鲜明的近代特色和地域特征，很具有代表性。

3. 现代家具

现代家具以实用、经济和美观为特点。采用工业化生产，材料多样，零部件标准可以通用。现代家具重视使用功能，造型简洁，结构合理，较少装饰。

欧洲的工业革命为家具设计与制作带来了革命性的变化，制作水平日趋先进，生产规模不断扩大，"以人为本"的设计思想深入人心，这些因素都使得家具设计与制作更加人性化、大众化。随着木业技术的发展，胶合板问世，出现了蒸木和弯木技术，高性能黏合剂研制成功并得到应用，它们为各类现代家具的发展铺平了道路。1830 年德国人托耐特用蒸汽技术用山毛榉制成了曲木家具，体现出生产技术的提高对现代家具产生的推动作用。以"现代设计之父"莫里斯为首的设计师在 19 世纪末到 20 世纪初的英国发起了一场设计运动，工业设计史上称为"工艺美术运动"。工艺美术运动强调功能应与美学法则相结合，认为功能只有通过艺术家的手工制作才能表达出来，反对机械化大生产，重视手工；强调简洁、质朴和自然的装饰风格，反对多余装饰，注重材料的选择与搭配。在 1900 年左右，欧洲大陆兴起了设计运动的新高潮，以法国为中心的"新艺术运动"主张艺术与技术相结合，主张艺术家应从自然界中汲取设计素材，崇尚曲线，反对直线，反对模仿传统。随后荷兰风格派产生，主张家具设计应采用绘画中的立体主义形式，采用立方体、几何体、垂直线和水平面进行造型设计，反对曲线，色彩只用三原色及黑、白、灰等无彩色系列，用螺丝装配，便于机械加工。现代家具的真正形成是 1910 年德国包豪斯学院的诞生，包豪斯学院被称为"现代主义设计教育的摇篮"，其核心思想是功能主义和理性主义。肯定机器生产的成果，重视技术与艺术相结合，设计的目的是人而不是产品，遵循科学、自然和客观法则，产品要满足人们功能的需要，符合广大人民的利益。包豪斯学院产生了一大批艺术设计大师：1925 年布劳耶发明的钢管椅，成为金属家具的创始人，并且他还是家具标准化的创始人；另一大师密斯·凡德罗设计的巴塞罗那椅，把有机材料的皮革和无机材料的钢板完美结合起来，造型优美使之成为现代家具的杰作。1933 年包豪斯学院被关闭，一批现代设计先驱进入美国，使美国获得了许多宝贵的设计人才，设计水平迅速提高。20 世纪 60 年代以后，由于青年人追求新鲜多变的心理，家具设计风格开始追求异化、娱乐化和古怪化的形式，这便是宇宙时代风格。这种设计风格强调空气动力学，强调速度感，色彩多用银灰色，家具造型多为不规则的立体，模仿宇宙飞行器的奇特形状。随着新材料、新工艺的不断涌现，后来出现了吹气的塑料家具，设计师用空气代替海绵、麻布和弹簧等弹性材料，为人们的生活带来了全新的感受。

现代家具如图 4-13 和图 4-14 所示。

三、家具设计的造型法规

家具是科学、艺术、物质和精神的结合。家具设计涉及心理学、人体工程学、结构学、材料学和美学等多学科领域。家具设计的核心就是造型，造型好的家具会激发人们的购买欲望。家具设计的造型设计应注意以下几个问题。

1. 比例

比例是一个度量关系，是指家具长、宽、高三个方向的度量比。

2. 平衡

平衡给人以安全感，分对称性平衡和非对称性平衡。

3. 和谐

和谐指构成家具的部件和元素的一致性，包括材料、色彩、造型等。

图 4-13　现代家具（1）

图 4-14　现代家具（2）

4. 对比

强调差异，互为衬托，有鲜明的变化。如方与圆、冷与暖、粗与细等。

5. 韵律

韵律是一种空间的重复，有节奏的运动。韵律可借助于形状、色彩和线条取得，分连续韵律、渐变韵律和起伏韵律。

6. 仿生

根据造型法则和抽象原理对人、动物和植物的形体进行仿制和模拟，设计出具有生物特点的家具。

　思考与练习

1. 家具按使用功能分为哪些家具？
2. 家具设计的造型法规有什么？

第二节　室内陈设设计

一、室内灯具设计

灯具是室内人工照明的主要光源，其种类繁多，造型各异，在室内装饰中起着重要的作用。灯具可分为悬挂式灯具、嵌入式灯具、吸顶式灯具、导轨式灯具和支架式灯具。悬挂式灯具中最常见的是吊灯；嵌入式灯具中最常见的是筒灯；吸顶式灯具中最常见的是吸顶灯；导轨式灯具中最常见的是导轨射灯；支架式灯具中最常见的是台灯、壁灯和落地灯。灯具的选择与设计应注意以下几点。

（1）应该与室内整体风格相协调。中式风格的室内选择中式灯具，欧式风格的室内选择欧式灯具，现代风格的室内选择现代灯具，切不可鱼龙混杂，张冠李戴。

（2）应该兼顾功能性、装饰性和稳定性。要根据区域的面积和照明需求有效地布置灯具。同时，还应精心选择或设计出造型美观、设计新颖的灯具，为室内装饰增光添彩。

（3）应该与具体的空间形式、空间的功能要求相结合。如客厅的功能主要是家人聚会、娱乐和待客，是一个开放性的活动场所，所以在选择灯具时，应尽量考虑体现出主人的风度和气派，可选择较豪华的水晶吊灯。

（4）应该与室内光环境的营造相结合。室内光环境是一个综合体，需要表现出不同的光照效果。如重点照明时，可以选用导轨射灯进行强化照射，达到突出重点的目的；在一些主题墙的设计中，常用连续的几个筒灯以形成弧形的照射光带，既可以营造出造型的立体效果，又可以形成连续而有节奏的曲线美感。

室内灯具样式如图 4-15～图 4-19 所示。

图 4-15　欧式吊灯

图 4-16　现代吊灯（1）

图 4-17　现代吊灯（2）

图 4-18　现代台灯

图 4-19　现代落地灯

二、室内陈设设计

室内陈设是指室内的摆设，是用来营造室内气氛和传达精神功能的物品。随着人们生活水平和审美能力的提高，人们越来越注重室内陈设品装饰的重要性，室内设计已经进入"重装饰轻装修"的时代。

室内陈设设计时首先应注意陈设品的格调要与室内的整体环境相协调；其次要注意主次关系，使陈设品成为"点睛之笔"而不破坏整体效果；最后还要考虑使用者的喜好，尽量选择与使用者年龄和职业相符的陈设品。

室内陈设设计时还要注意体现民族文化和地方文化。国内的许多宾馆常用陶瓷、景泰蓝、唐三彩、中国画和书法等具有中国传统文化特色的装饰来体现中国文化的魅力，使许多外国游客流连忘返。盆景和插花也是室内常用的陈设品，植物花卉的色彩让人犹如置身于大自然，给人以勃勃生机的感觉。

室内陈设从使用角度上可分为功能性陈设（如灯具、织物和生活日用品等）和装饰性陈设（如艺术品、工艺品、纪念品、观赏性植物等）。

三、室内陈设的分类

室内陈设从材质上可分为以下几个大类。

1. 家居织物

家居织物主要包括窗帘、地毯、床单、台布、靠垫和挂毯等。这些织物不仅有实用功能，还具备艺术审美价值。织物的选择与布置要充分发挥其材料质感、色彩和纹理的表现力，增强室内艺术气氛，陶冶人的情操。

窗帘具有遮蔽阳光、隔声和调节温度的作用。窗帘的选择应根据不同空间的特点，采光不好的空间可用轻质、透明的纱帘，以增加室内光感；光线照射强烈的空间可用厚实、不透明的绒布窗帘，以减弱室内光照。隔声的窗帘多用厚重的织物来制作，折皱要多，这样隔声效果更好。窗帘调节温度主要运用色彩的变化来实现，如冬天用暖色，夏天用冷色；朝阳的房间用冷色，朝阴的房间用暖色。制作窗帘的材料很多，有布、纱、竹、塑料等。窗帘的款式有单幅式、双幅式、束带式、半帘式、横纵向百叶帘式等。

地毯是室内铺设类装饰品，广泛用于室内装饰。地毯不仅视觉效果好，艺术美感强，还可以吸收噪声，创造安宁的室内气氛。此外，地毯还可使空间产生聚合感，使室内空间更加整体、紧凑。地毯分为纯毛地毯、混纺地毯、合成纤维地毯、塑料地毯和植物编织毯等。

靠垫是沙发的附件，可调节人们的坐、卧、倚、靠姿势。靠垫的形状以方形和圆形为主，多用棉、麻、丝和化纤等材料，采用提花、印花和编织等制作手法，图案自由活泼，趣味性强。靠垫的布置应根据沙发的样式来进行选择，一般素色的沙发用艳色的靠垫，而艳色的沙发则用素色的靠垫。

家居织物如图4-20～图4-22所示。

2. 艺术品和工艺品

艺术品和工艺品是室内常用的装饰品。艺术品包括绘画、书法、雕塑和摄影作品等，有极强的艺术欣赏价值和审美价值。工艺品既有欣赏性，又有实用性。

艺术品是室内珍贵的陈设品，艺术感染力强。在艺术品的选择上要注意与室内风格相协调，欧式古典风格室内中应布置西方的绘画（油画、水彩画）和雕塑作品；中式古典风格室内中应布置中国传统绘画和书法作品。中国画形式和题材多样，分工笔和写意两种画法，有花鸟画、人物画和山水画三种表现形式。中国书法博大精深，分楷、草、篆、隶、行等书体。中国书画必须要进行装裱，才能用于室内的装饰。

工艺品主要包括瓷器、竹编、草编、挂毯、民间木雕、民间石雕、盆景等。还有民间工艺品，如泥人、面人、剪纸、刺绣、织锦等。其中，陶瓷制品特别受人们喜爱，它集艺术性、观赏性和实用性于一体，在室内放置陶瓷制品，可以体现出优雅脱俗的效果。陶瓷制品分两类：一类为装饰性陶瓷，主要用于

图 4-20　窗帘

图 4-21　地毯

图 4-22　靠垫

　　摆设；另一类是集观赏和实用相结合的陶瓷，如陶瓷水壶、陶瓷碗、陶瓷杯等。青花瓷是中国的一种传统名瓷，其沉着质朴的靛蓝色体现出温厚、优雅、和谐的美感。除此之外，一些日常用品也能较好地实现装饰功能，如一些玻璃器具和金属器具晶莹剔透、绚丽闪烁，光泽性好，可以增加室内华丽的气氛。

　　室内工艺品如图 4-23 和图 4-24 所示。

图 4-23　室内工艺品（1）

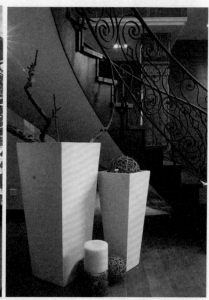

图 4-24　室内工艺品（2）

3. 其他陈设

其他陈设还有家电类陈设，如电视机、DVD 影碟机和音响设备等；音乐类陈设，如光碟、吉他、钢琴、古筝等；运动器材类陈设，如网球拍、羽毛球拍、滑板等。除此之外，各种书籍也可作室内陈设，既可阅读，又能使室内充满文雅书卷气息。室内陈设品如图 4-25～图 4-27 所示。

图 4-25　室内陈设品（1）

图 4-26　室内陈设品（2）

图 4-27 室内陈设品（3）

第三节 室内绿化设计

室内绿化设计就是将自然界的植物、花卉、水体和山石等景物经过艺术加工和浓缩移入室内，达到美化环境、净化空气和陶冶情操的目的。室内绿化既有观赏价值，又有实用价值。在室内布置几株常绿植物，不仅可以增强室内的青春活力，还可以缓解和消除疲劳。室内花卉可以美化室内环境，清逸的花香可以使室内空气得到净化，陶冶人的性情。室内水体和山石可以净化室内空气，营造自然的生活气息，并使室内产生飘逸和灵动的美感。

1. 植物

室内植物种类繁多，有观叶植物、观花植物、观景植物、藤蔓植物和假植物等。

室内常用的观叶、观花植物主要有橡胶树、垂榕、蒲葵、苏铁、棕竹、棕榈、广玉兰、海棠、龟背竹、万年青、金边五彩、文竹、紫罗兰、白花吊竹草、水竹草、兰花、吊兰、水仙、仙人掌、仙人球、花叶常春蔓等。假植物是人工材料（如塑料、绢布等）制成的观赏植物，在环境条件不适合种植植物时常用假植物代替。

绿色植物点缀室内空间应注意以下几点。

（1）品种要适宜，要注意室内自然光照的强弱，多选耐阴的植物。如红铁树、叶椒草、龟背竹、万年青、文竹、巴西木等。

（2）配置要合理。注意植物的最佳视线与角度，如高度在 1.8～2.3 m 为好。

（3）色彩要和谐。如书房要创造宁静感，应以绿色为主；客厅要体现主人的热情，则可以用色彩绚丽的花卉。

（4）位置要得当，宜少而精，不可太多、太乱，到处开花。

室内绿化如图 4-28 和图 4-29 所示。

图 4-28　室内绿化（1）

图 4-29　室内绿化 (2)

2. 室内水景

水景有动静之分，静则宁静，动则欢快，水体与声、光相结合，能创造出更为丰富的室内效果。常用的形式有水池、喷泉和瀑布等。如图 4-30 和图 4-31 所示。

图 4-30　室内水景（1）

图 4-31　室内水景（2）

3. 室内山石

山石是室内造景的常用元素，常和水相配合，浓缩自然景观于室内小天地中。室内山石形态万千，讲求雄、奇、刚、挺的意境。室内山石分为天然山石和人工山石两大类，天然山石有太湖石、房山石、英石、青石、鹅卵石、黄蜡石、珊瑚石等；人工山石则是由钢筋、水泥制成的假山石。如图4-32和图4-33所示。

图4-32　室内山石（1）

图4-33　室内山石（2）

第一节 室内色彩设计

一、色彩的概念

色彩是光刺激人的眼睛所产生的视觉反映。因为有了光人们才能感知物体的形状和色彩，光照是色彩产生的前提。物体的色彩在光的照射下呈现出的本质颜色叫固有色；物体的色彩在光的照射下，同时受到周围环境的影响，反射而成的颜色叫环境色。

二、色彩的三要素

色相、明度和纯度是色彩的三要素。色相就是色彩的相貌，是色彩之间相互区别的名称，如红色相、黄色相、绿色相等。明度就是色彩的明暗程度，明度越高，色彩越亮；明度越低，色彩越暗。纯度就是色彩的鲜灰程度或饱和程度，纯度越高，色彩越艳；纯度越低，色彩越灰。

色彩分无彩色和有彩色两大类。黑、白、灰为无彩色，除此之外的任何色彩都为有彩色。其中，红、黄、蓝是最基本的颜色，被称为三原色。三原色是其他色彩所调配不出来的，而其他色彩则可以由三原色按一定比例调配出来。如红色加黄色可以调配出橙色，红色加蓝色可以调配出紫色，蓝色加黄色可以调配出绿色等。

三、色彩作用于人的视觉所产生的感觉

1. 冷暖感

从冷暖感的角度色彩分为冷色和暖色。

冷色包括蓝色、蓝紫色、蓝绿色等，使人产生凉爽、寒冷、深远、幽静的感觉。

暖色包括红色、黄色、橙色、紫红色、黄绿色等，使人产生温暖、热情、积极、喜悦的感觉。

2. 轻重感

从轻重感的角度色彩分为轻色和重色。

色彩的轻重主要取决于明度，明度高，色彩感觉轻；明度低，色彩感觉重。其次取决于色相，暖色感觉轻，冷色感觉重。最后取决于纯度，纯度高感觉轻，纯度低感觉重。

3. 体量感

从体量感的角度色彩分为膨胀色和收缩色。

色彩的体重感主要取决于明度，明度高，色彩膨胀；明度低，色彩收缩。其次取决于纯度，纯度高，色彩膨胀；纯度低，色彩收缩。最后取决于色相，暖色膨胀，冷色收缩。

4. 距离感

从距离感的角度色彩分为前进色和后退色。

色彩的距离感主要取决于纯度，纯度高，色彩前进；纯度低，色彩后退。其次取决于明度，明度高，色彩前进；明度低，色彩后退。最后取决于色相，暖色前进，冷色后退。

5. 软硬感

从软硬感的角度色彩分为软色和硬色。

色彩的软硬感主要取决于明度，明度高，色彩感觉柔软；明度低，色彩感觉坚硬。其次取决于色相，暖色感觉柔软，冷色感觉坚硬。最后取决于纯度，纯度高，色彩感觉柔软；纯度低，色彩感觉坚硬。

6. 动静感

从动静感的角度色彩分为动感色和宁静色。

色彩的动静感主要取决于纯度，纯度高，动感强；纯度低，宁静感强。其次取决于色相，暖色动感强，冷色宁静感强。最后取决于明度，明度高，动感强，明度低，宁静感强。

四、色彩的对比与协调

1. 色彩的对比

所谓色彩的对比，是指两种或两种以上的色彩放在一起有明显的差别。色彩的对比可以使色彩产生相互突出的关系，使色彩主次分明，虚实得当。色彩对比分为色相对比、明度对比和纯度对比。色相对比主要指色彩冷暖色的互补关系，如红与绿、黄与紫、蓝与橙；明度对比主要指色彩的明度差别，即深浅对比；纯度对比主要指色彩的饱和度差别，即鲜灰对比。

2. 色彩的协调

所谓色彩的协调，是指两种或两种以上的色彩放在一起无明显的差别。色彩的协调可以使色彩相互融合，和谐统一。色彩协调分为色相协调、明度协调和纯度协调。色相协调主要指邻近色的协调，如红与橙、橙与黄、黄与绿等；明度协调主要指减少明度差别；纯度协调主要指减少纯度差别。

五、色彩在室内设计中的应用

色彩设计是室内设计中的重要环节，合理的色彩设计可以使室内空间更加生动、和谐。在室内色彩设计中最关键的环节是确定室内的主色调，主色调可以是单一的一种颜色，也可以是一个系列的色彩，不同的色彩可以使室内空间产生不同的视觉感受，也对人的生理和心理产生不同的影响。

室内色彩设计应该充分考虑使用场所和使用对象的差异。如娱乐空间的色彩设计，应使用纯度较高、刺激性较强的色彩，营造出动感、活跃的室内气氛；而私密空间的色彩设计，应使用纯度较低、素雅、宁静的色彩，营造出静谧、优雅的室内气氛。在使用对象上，年龄较大的人喜欢稳重、朴素的色彩；而儿童则喜欢单纯、活泼的色彩。

色彩的美感还与审美的主体紧密相连，在一定程度上，色彩的美感取决于人的主观感受。有的人喜欢红色，有的人喜欢黄色；有的人喜欢活泼的色调，有的人喜欢素雅的色调。人对色彩的好恶受到年龄、性格、职业、习惯和文化修养等方面的影响。因此，色彩无所谓美与不美，关键在于这种色彩能否达到使用者的审美要求。

1. 红色

红色具有鲜艳、热烈、热情、喜庆的特点，给人勇气与活力。红色可刺激和兴奋神经，促进机体血液循环，引起人的注意并产生兴奋、激动和紧张的感觉。红色有助于增强食欲。红色使人联想到火与血，是一种警戒色。红色运用于室内装饰，可以大大提高空间的注目性，使室内空间产生温暖、热情、自由奔放的感觉。粉红色和紫红色是红色系列中最具浪漫和温馨特点的颜色，较女性化，可使室内空间产生迷情、靓丽的感觉。如图5-1和图5-2所示。

图 5-1　红色在室内空间中的运用（1）

图 5-2　红色在室内空间中的运用（2）

2. 黄色

黄色具有高贵、奢华、温暖、柔和、怀旧的特点，它能引起人们无限的遐想，渗透出灵感和生气，启发人的智力，使人欢乐和振奋。黄色具有帝王之气，象征着权利、辉煌和光明。黄色高贵、典雅，具有大家风范。黄色还具有怀旧情调，产生古典唯美的感觉。黄色是室内设计中的主色调，可使室内空间产生温馨、柔美的感觉。如图 5-3 所示。

图 5-3　黄色在室内空间中的运用

3. 绿色

绿色具有清新、舒适、休闲的特点，有助于消除神经紧张和视力疲劳。绿色象征青春、成长和希望，使人感到心旷神怡，舒适平和。绿色是富有生命力的色彩，使人产生自然、休闲的感觉。绿色运用于室内装饰，可以营造出朴素简约、清新明快的室内气氛。如图5-4所示。

图5-4　绿色在室内空间中的运用

4. 蓝色

蓝色具有清爽、宁静、优雅的特点，象征深远、理智和诚实。蓝色使人联想到天空和海洋，有镇静作用，能缓解紧张心理，增添安宁与轻松之感。蓝色宁静又不缺乏生气，高雅脱俗。蓝色运用于室内装饰，可以营造出清新雅致、宁静自然的室内气氛。如图 5-5 所示。

图 5-5　蓝色在室内空间中的运用

5. 紫色

紫色具有冷艳、高贵、浪漫的特点，象征天生丽质，浪漫温情。紫色具有罗曼蒂克般的柔情，是爱与温馨交织的颜色，尤其适用于新婚和感情丰富的小家庭。紫色运用于室内装饰，可以营造出高贵、雅致、纯情的室内气氛。如图5-6所示。

图5-6 紫色在室内空间中的运用

6. 灰色

灰色具有简约、平和、中庸的特点，象征儒雅、理智和严谨。灰色是深思而非兴奋、平和而非激情的色彩，使人视觉放松，给人以朴素、简约的感觉。此外，灰色使人联想到金属材质，具有冷峻、时尚的现代感。灰色运用于室内装饰，可以营造出宁静、柔和的室内气氛。如图5-7所示。

图5-7 灰色在室内空间中的运用

7. 黑色

黑色具有稳定、庄重、严肃的特点，象征理性、稳重和智慧。黑色是无彩色系的主色，可以降低色彩的纯度，丰富色彩层次，给人以安定、平稳的感觉。黑色运用于室内装饰，可以增强空间的稳定感，营造出朴素、宁静的室内气氛。如图 5-8 所示。

图 5-8　黑色在室内空间中的运用

8. 白色

　　白色具有简洁、干净、纯洁的特点，象征高贵、大方。白色使人联想到冰与雪，具有冷调的现代感和未来感。白色具有镇静作用，给人以理性、秩序和专业的感觉。白色具有膨胀效果，可以使空间更加宽敞、明亮。白色运用于室内装饰，可以营造出轻盈、素雅的室内气氛。如图5-9所示。

图5-9　白色在室内空间中的运用

9. 褐色

褐色具有传统、古典、稳重的特点，象征沉着、雅致。褐色使人联想到泥土，具有民俗和文化内涵。褐色具有镇静作用，给人以宁静、优雅的感觉。中国传统室内装饰中常用褐色作为主调，体现出东方特有的古典文化魅力。如图 5-10 所示。

图 5-10　褐色在室内空间中的运用

色彩的搭配与组合可以使室内色彩更加丰富、美观。室内色彩搭配力求和谐统一，通常用两种以上的颜色进行组合，要有一个整体的配色方案，因为不同的色彩组合可以产生不同的视觉效果，也可以营造出不同的环境气氛。

- 黄色+茶色（浅咖啡色）：怀旧情调，朴素、柔和。
- 蓝色+紫色+红色：梦幻组合，浪漫、迷情。
- 黄色+绿色+木本色：自然之色，清新、悠闲。
- 黑色+黄色+橙色：青春动感，活泼、欢快。
- 蓝色+白色：地中海风情，清新、明快。
- 青灰+粉白+褐色：古朴、典雅。
- 红色+黄色+褐色+黑色：中国民族色，古典、雅致。
- 米黄色+白色：轻柔、温馨。
- 黑+灰+白：简约、平和。

如图 5-11～图 5-14 所示。

图 5-11　怀旧情调的室内空间

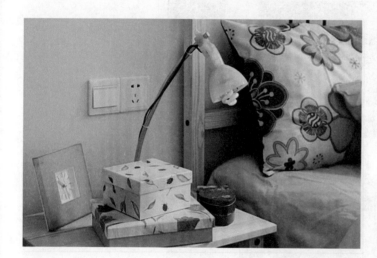

图 5-12　自然清新的室内空间

图 5-13　地中海风情的
室内空间

图 5-14 简约、平和的室内空间

1. 色彩的三要素是什么？
2. 色彩作用于人的视觉产生哪些感觉？
3. 黄色有哪些特点？
4. 紫色有哪些特点？

第二节　室内照明设计

所谓室内照明设计，是相对室内环境自然采光而言的。它是依据不同建筑室内空间环境中所需照明程度，正确选用照明方式与灯具类型来为人们提供良好的光照条件，以使人们在建筑室内空间环境中能够获得最佳的视觉效果，同时还能够获得某种气氛和意境，增强建筑室内空间表现效果及审美感受的一种设计处理手法。

一、室内照明设计的方式

室内空间需要通过照明设计来满足照明使用功能上的要求和空间氛围的营造。因为有了光人类才能更有效地感知客观世界，所以照明设计就是人类模仿、控制光，并以最适当的方式将光的机能显示出来，营造出室内气氛的设计。光照的作用对人的视觉功能极为重要。没有光就看不到一切，就室内环境设计而言，光照不仅能满足人的视觉功能的需要，而且是美化环境必不可少的物质条件。光照可以构成空间，并能起到改变空间、美化空间的作用。它直接影响物体的视觉大小、形状、质感和色彩，以至直接影响到环境的艺术效果。

光分为直射光、反射光和漫射光三种。直射光是指光源直接照射到工作面上。直射光的照度高，电能消耗少，为了避免光线直射人眼产生眩光，通常需用灯罩相配合，把光集中照射到工作面上。反射光是利用光亮的镀银反射罩作定向照明，使光线受下部不透明或半透明的灯罩的阻挡，光线的全部或一部分反射到天棚和墙面，然后再向下反射到工作面。反射光的光线柔和，视觉舒适，不易产生眩光。漫射光是利用磨砂玻璃罩、乳白灯罩或特制的格栅，使光线形成多方向的漫射，或者是由直射光、反射光混合的光线。漫射光的光质柔和，而且艺术效果颇佳。

室内照明主要有自然光照明和人造光照明两种形式。自然光照明主要以太阳光为主要光源。人造光照明以各类灯具为主，可分为5种方式，即直接照明、半直接照明、间接照明、半间接照明和漫射照明。

1. 直接照明

是指光线由灯具射出，使其中90%～100%的光到达工作面上的照明方式。这种照明方式具有强烈的明暗对比，并能造成有趣生动的光影效果，可突出工作面在整个环境中的主导地位，但是由于亮度较高，应防止眩光的产生。

2. 半直接照明

是指用半透明材料制成的灯罩罩住光源上部，使60%～90%的光集中射向工作面，10%～40%的光经半透明灯罩漫射形成较柔和的光线的照明方式。这种照明方式常用于较低房间的照明。由于漫射光能照亮平顶，使房间顶部高度增加，因而能产生增高空间的感觉。

3. 间接照明

是指将光源遮蔽而产生的间接光的照明方式。其中90%～100%的光通过天棚或墙面反射作用于工作面，10%以下的光则直接照射工作面。间接照明通常有两种处理方法：一种是将不透明的灯罩装在灯泡的下部，光线射向平顶或其他物体上反射成间接光线；另一种是把灯泡设在灯槽内，光线从平顶反射到室内成间接光线。这种照明方式单独使用时，需注意不透明灯罩下部的浓重阴影。通常和其他照明方式配合使用，才能取得特殊的艺术效果。

4. 半间接照明

是指把半透明的灯罩装在光源下部，使60%以上的光射向平顶，形成间接光源，40%以下的光经灯罩向下扩散的照明方式。这种照明方式能产生比较特殊的照明效果，使较低矮的房间有增高的感觉。也适用于住宅中的小空间部分，如门厅、过道、服饰店等，通常在学习的环境中采用这种照明方式最为适宜。

5. 漫射照明

是指利用折射功能来控制眩光，将光线向四周扩散漫散的照明方式。这种照明大体上有两种形式：一种是光线从灯罩上面射出经平顶反射，两侧从半透明灯罩扩散，下部从格栅扩散；另一种是用半透明灯罩把光线全部封闭而产生漫射。这类照明方式使光线柔和，视觉舒适，适于卧室照明。

室内空间照明设计中主要以三种形式来分析光，即主光源、辅助光源和点缀光源。运用这三种照明设计形式时必须与实际空间需求结合来布置光源，如宾馆大堂、办公室等开放式空间应该以明亮、舒适的光为宜，在选择主光源时应该以直接照明为主；而酒吧空间往往需要营造出宁静、轻柔的氛围，主光源照明应减弱，辅以局部照明和点缀光源来营造气氛。照明设计还要注意光的颜色（色彩有冷暖差别）对空间的影响，在营造空间气氛时要根据空间的功能需要合理使用。

二、室内照明设计的作用

室内照明设计不仅可以弥补室内光照不足、营造空间氛围、增添室内情趣，而且能引起人们视觉的注意和心理上的联想。室内照明设计的作用总体来说主要有以下三点。

1. 营造室内气氛

光的亮度和色彩是决定气氛的主要因素，室内的气氛也因不同的光色而变化。许多餐厅、咖啡馆和娱乐场所，常常用加重暖色如粉红色、浅紫色，使整个空间具有温暖、欢乐、活跃的气氛，暖色光使人的皮肤、面容显得更健康、美丽动人。

由于色彩随着光源的变化而不同，许多色调在白天阳光的照耀下，显得光彩夺目，但日暮后如果没有适当的照明，就可能变得暗淡无光。德国心理学家马克思·露西亚曾说："与其利用色彩来营造气氛，不如利用不同程度的照明，效果会更理想。"

2. 加强空间感和立体感

空间的不同效果，可以通过光的作用充分表现出来。实验证明，室内空间的开敞性与光的亮度成正比，亮的房间感觉要大一点，暗的房间感觉要小一点，充满房间的无形的漫射光，也使空间有无限的感觉，而直接光能加强物体的阴影；光影相对比，能加强空间的立体感。

利用光的作用，可以加强希望注意的地方，如室内的趣味中心；也可以用来削弱不希望被注意的次要地方，从而使空间更有主次。如在展示空间设计中，为了突出新产品，用亮度较高的重点照明，使空间变得虚实有度；又如在许多台阶和家具底部采用局部照明，使物体和地面"脱离"，形成悬浮的效果，使空间显得空透、轻盈。

3. 展现光和影的变换

光和影本身就是一种特殊性质的艺术。当阳光透过树梢，地面洒下一片光斑，疏疏密密随风变幻，这种艺术魅力是难以用语言表达的。又如月光下的粉墙竹影和风雨中摇曳着的路灯的影子，却又是一番滋味。自然界的光影由太阳、月光来形成，而室内的光影艺术就要靠设计师来创造。光的形式可以从尖利的小针点到漫无边际的无定形式，利用各种照明装置，在恰当的部位以生动的光影效果来丰富室内的空间，既可以表现光为主，也可以表现影为主，也可以光影同时表现。

室内照明设计如图 5-15～图 5-19 所示。

第三节　室内装饰材料

一、室内装饰材料的定义

室内装饰材料是建筑材料的重要组成部分，它是指建筑主体结构围合成室内空间之后，装饰工程技术人员运用设计和施工方法营造舒适、优美和不同风格的空间效果所需用的材料，是设计师实现优秀设计方案构思的重要载体。掌握和正确运用室内装饰材料是衡量装饰工程技术人员专业水平的一个重要标准，也是装饰工程技术人员进行施工过程中质量控制的重要前提条件。

二、装饰材料的作用与发展趋势

室内装饰材料不仅能弥补和改善空间结构的不足，保护建筑结构基础，提高结构的耐久性，而且能提高建筑室内空间的艺术效果，美化空间环境，满足人们的使用要求。

图 5-15　以自然光直接照明为主的照明方式

图 5-16　以人造光直接照明为主的照明方式

图 5-17 以人造光间接照明（暗藏光）
为主的照明方式

图 5-18　以人造光为主的重点照明，局部高光
　　　　源照射商品，达到突出商品的目的

图 5-19　照明设计营造
室内气氛

室内装饰材料的发展趋势概括起来为：由品种、色彩、图案单一化向着多样化方面发展；由施工安装烦琐化向着成品规格化、易于施工方面发展；由满足基本装饰使用功能向着节能、绿色、环保方面发展。

三、室内装饰材料的分类

室内装饰材料发展迅速且品种繁多，原有材料品种不断更新换代，新材料、新工艺也不断涌现。其分类方法较多，常见的分法有以下两种。

1. 按照材料的化学组成分类

（1）无机材料：如石材、陶瓷、不锈钢、水泥、玻璃等。
（2）有机材料：如木材、有机涂料、塑料等。
（3）复合材料：如人造石材、铝塑板、真石漆等。

2. 按照装饰使用空间分类

（1）天花装饰材料：如纸面石膏板、铝型材料、涂料等。
（2）墙面装饰材料：如石材、墙纸、木材、瓷砖、涂料、玻璃等。
（3）地面装饰材料：如石材、木地板、塑胶地板、地毯等。

四、常用的室内装饰材料

1. 石膏制品装饰材料

1）纸面石膏板

纸面石膏板是以半水石膏和护面纸为主要材料，加入适量纤维、胶黏剂、促凝剂、缓凝剂经料浆配制、成形、切割、烘干而成的轻质薄板。其具有防火、隔音、隔热、轻质、高强、收缩率小等特点且稳定性好、不老化、防虫蛀，可用钉、锯、刨、黏等方法施工。根据室内环境的不同，纸面石膏板与金属龙骨结合被广泛应用于室内吊顶、隔墙、内墙、贴面板等装修工程。

2）装饰石膏板

装饰石膏板是不带护面的装饰板材，形状为正方形，装饰石膏板的表面细腻，色彩、花纹图案丰富，具有质轻、强度高、色泽柔和、美观、吸音、防火、隔热、变形小以及可调节室内湿度等优点。装饰石膏板可分为普通板和防潮板；又可分为平板、孔板和浮雕板。装饰石膏板被广泛应用于宾馆、饭店、餐厅、礼堂、办公室、候机（车）室等的吊顶和墙面装饰。

3）装饰石膏线角、花饰和造型

装饰石膏线角、花饰和造型等石膏艺术制品可统称为石膏浮雕装饰件，可划分为平板和浮雕板系列、浮雕饰线系列、艺术顶棚和灯圈系列、艺术廊柱系列、人体造型系列等。其具有表面光洁，花形和线条清晰、精细，立体感强，尺寸稳定，强度高，防火及施工方便等优点。装饰石膏线角、花饰和造型制品被广泛用于室内的柱子、吊顶和墙面的装饰。

2. 陶瓷装饰材料

1）釉面砖

釉面砖又称内墙面砖，属于多孔薄片精陶制品。它不仅强度较高、防潮、耐污、耐腐蚀、易清洗、变形小且具有一定的耐急冷急热性能，而且表面光亮细腻、色彩图案丰富、风格典雅，具有很好的装饰性。釉面砖多用于厨房、卫生间、浴室、理发室、内墙裙等处的装修及大型公共场所的墙面装饰。

2）墙地砖

墙地砖包括彩釉砖、无釉砖、劈离砖、渗花砖、仿古砖、大颗粒瓷质砖、金属光泽釉面砖等。墙地砖具有强度高、耐磨、耐腐蚀、耐火、耐水等特点，易清洗，不易褪色，广泛运用于人流较密集的建筑物内部墙面和地面，并对墙面起到很好的保护和装饰作用。

3）大型陶瓷饰面板

大型陶瓷饰面板是一种大面积的装饰陶瓷制品。它克服了釉面砖及墙地砖面积小、施工中不易拼接的缺点，装饰效果更逼真，施工效率更高，是一种有发展前途的新型陶瓷装饰制品。

4）陶瓷锦砖

陶瓷锦砖俗称马赛克，是由各种颜色的几何形状的小块瓷片铺贴在牛皮纸上形成的装饰砖，故又称纸皮砖。陶瓷锦砖具有质地坚实、色泽图案多样、吸水率极小、抗腐蚀、耐磨、耐火、防滑、易清洗等特点。主要用于墙面和地面的装饰。

3. 石材装饰材料

1）天然花岗石

天然花岗石强度高，密度大，吸水率极低，质地坚硬、耐磨，为酸性石材，因此其耐酸、抗风化、耐久性好，使用年限长。部分花岗石产品放射性指标超标，在长期使用过程中对环境造成污染，并会对人体造成伤害，故使用时需选择合格产品。花岗石主要用于大型公共建筑或等级要求较高的室内外装饰工程的地面、墙面、柱面、台阶等部位。如图 5-20 所示。

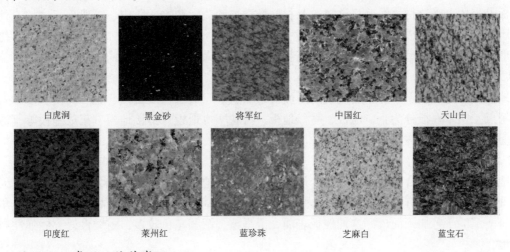

图 5-20　常用天然花岗石

2）天然大理石

天然大理石质地较密实，抗压强度高，吸水率低，质地较软，属于中硬、碱性石材。天然大理石易加工，开光性好，色调丰富，材质细腻，极富装饰性。缺点是抗风化能力差，不耐腐蚀，所以除了汉白玉和艾叶青等质纯、杂质少、比较稳定耐久的品种可用于室外，绝大多数大理石品种只宜用于室内墙面、柱面、服务台、栏板、电梯间门口等部位。由于其耐磨性相对较差，不宜用于人流较多场所的地面。如图 5-21 所示。

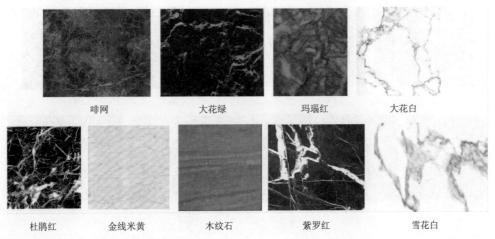

图 5-21　常用天然大理石石材

3) 人造石

人造石是以少量天然石材为原料加工而成的装饰石材，是一种健康、环保的装饰材料。其硬度不像天然石材一样坚硬，并且有着明显的质感差别。克服了天然石材易断裂、纹理不匀的缺点，保留了天然石材的原味，价格也较天然石材便宜，但抗污力和耐久性强。目前所用的人造石装饰材料包括微晶石、凤凰玉石、水磨石、人造透光云石等。

4) 文化石

文化石材质坚硬，色泽鲜明，纹理丰富，具有抗压、耐磨、耐火、耐寒、耐腐蚀、吸水率低等优点。但装饰效果受石材纹理限制，除了方形石外，其他形状的文化石拼接施工较为困难。

5) 鹅卵石

鹅卵石是一种纯天然的石材，无毒，不脱色，品质坚硬，色泽古朴。鹅卵石具有抗压、耐磨、耐腐蚀的特性，是一种理想的绿色环保装饰材料，广泛应用于公共建筑、别墅庭院建筑、园林路面铺设和盆景填充等。

4. 木材装饰材料

1) 竹地板

竹地板是采用上等竹材，经严格选材、制材、漂白、硫化、脱水、防虫、防腐等工序加工处理，又经高温、高压热固胶黏合而成。竹地板具有耐磨、耐压、防潮、防燃的特点，铺设后不开裂、不扭曲、不发胀、不变形。竹地板外观呈自然竹纹，色泽高雅美观，合乎人们回归大自然的心理。

2) 实木地板

实木地板是木材经烘干、加工后制成的地面装饰材料。它具有花纹自然、施工简便、使用安全、装饰效果好等特点。实木地板分为企口地板、对口地板、拼花实木地板、指接地板、集成地板等，适用于体育馆、练功房、舞台、高级住宅的地面装饰。

3) 复合地板

复合地板分为实木复合地板和强化复合地板。实木复合地板的直接原材料为木材，保留了天然实木地板表面纹理自然朴实、富有弹性等优点。而强化复合地板的基材主要采用小径材、枝丫材和边角余料及胶黏剂，通过一定的工艺加工而成。这种地板表面光滑平整，图案花色较多，耐磨性好，但弹性和脚感不如实木复合地板。

4) 薄木贴面装饰板

薄木贴面装饰板即饰面板，是将珍贵树种木材精密刨切成厚度为 0.1～1 mm 的薄木切片，以夹板为基材，经过胶黏工艺制作而成的具有单面装饰作用的装饰板材。其具有纹理天然、细腻优美、真实感和立体感强等特点。常用的薄木装饰面板有樱桃木、胡桃木、榉木、枫木、橡木、水曲柳、沙比利、麦哥利、檀木、柚木、雀眼、印尼白木、花梨、斑马木、铁刀木等。如图 5-22 所示。

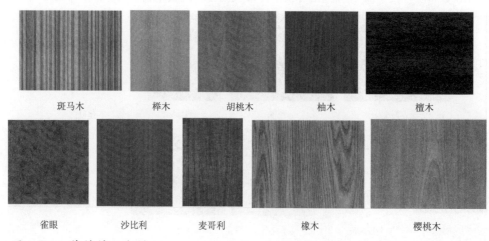

图 5-22　装饰饰面木材

5) 科技木

科技木是以普通木材（速生木材）为原料，利用仿生学原理，通过对普通木材、速生木材进行物化处理生产的一种性能更加优越的全木质新型装饰材料。科技木可仿真天然珍贵树种纹理，并保留了木材隔热、绝缘、调湿、调温的自然属性。科技木色彩丰富、纹理多样，属于绿色环保装饰材料。

6) 胶合板

胶合板亦称压层板。其层数为奇数，一般由三层或多层 1 mm 厚的单板、薄板胶黏热压而成。夹板一般分为 3 厘板、5 厘板、9 厘板、12 厘板、15 厘板和 18 厘板 6 种规格。用来制作胶合板的树种有椴木、桦木、水曲柳、榉木、色木、柳桉等。胶合板常用作隔墙、顶棚、门面板、墙裙等部位。

7) 细木工板

细木工板是利用木材加工过程中产生的边角废料，经整形、刨光、施胶、拼接、贴面而制成的一种人造板材。制作细木工板不仅是一种综合利用木材的有效措施，而且制成的细木工板构造均匀、尺寸稳定、幅面和厚度都较大。除可用作表面装饰外，也可直接兼作构造材料。

8) 刨花板

刨花板是用木刨花或木材碎料为主要原料，再渗加胶水和添加剂，经压制而成的薄型板材。刨花板密度小，材质均匀，但易吸湿，强度不高，一般主要用作保温、吸声材料和地板实铺时的基层材料，还可用于吊顶、隔墙、家具等。

9) 密度板

密度板也称纤维板，是以木质纤维或其他植物纤维为原料，施加一定胶料经热压而制成的人造板材。按其密度的不同，分为高密度板、中密度板和低密度板。高密度板和中密度板属于硬质纤维板，低密度板属于软质纤维板。密度板构造均匀，完全克服了木材的各种缺陷，不易变形、翘曲和开裂。硬质纤维板可代替木材用于室内墙面、顶棚等部位的装修；软质纤维板由于强度较低，可用作保温、吸声材料。

10) 防火板

防火板是采用硅质材料或钙质材料为主要原料，与一定比例的纤维材料、轻质骨料、黏合剂和化学添加剂混合，经蒸压技术制成的装饰板材。其具有色彩丰富、图案花色繁多和耐湿、耐磨、耐烫、阻燃、耐侵蚀、易清洗等特点，是目前室内装修工程中使用较多的一种装饰材料。

11) 三聚氰胺板

三聚氰胺板是将带有不同颜色或纹理的纸放入三聚氰胺树脂胶黏剂中浸泡，然后干燥到一定固化程度，将其铺装在刨花板或硬质纤维板表面，经热压而成的装饰板，是一种墙面和家具装饰材料。

5. 玻璃装饰材料

1) 浮法玻璃

浮法玻璃表面平整、光洁，无波筋、波纹。浮法玻璃在家具中的运用比较广泛，除用作传统的柜门外，还常用来做桌面、茶几面以及一些纯玻璃结构的家具。在做面板和结构材料时，其厚度一般为 8～12 mm，这种玻璃的边缘在应用过程中需经过认真的切割和研磨。

2) 装饰玻璃

装饰玻璃包括以装饰性能为主要特征的彩色平板玻璃、釉面玻璃、压花玻璃、喷花玻璃、乳花玻璃、刻花玻璃、冰花玻璃、磨砂玻璃、玻璃砖等。装饰玻璃一般表面具有装饰花纹或凸凹不平，具有透光不透视的特点，具有私密性，可用于宾馆、酒楼、饭店、酒吧间等场所的隔断、屏风和家庭装修工程。如图 5-23 所示。

3) 安全玻璃

安全玻璃包括钢化玻璃、防火玻璃和夹层玻璃。钢化玻璃机械强度高，抗冲击性高，弹性比普通玻璃大得多，热稳定性好，在受急冷急热作用时，不易发生炸裂，碎后不易伤人，需按设计尺寸规格加工制作。防火玻璃的抗折强度和耐温度剧变性能比普通玻璃好，在遭受冲击或温度剧变时玻璃破而不缺，裂而不散，可避免带棱角的小碎块飞出伤人和阻止火势蔓延。夹层玻璃透明度好，抗冲击性能高，具有耐久、

图 5-23　装饰玻璃的应用

耐热、耐湿、耐寒等性能。在建筑装饰中用作门窗、天窗、楼梯栏板和有抗冲击作用要求的地铁站台屏蔽门、商店、银行、橱窗、隔断等。需按设计尺寸规格加工制作。如图 5-24 所示。

图 5-24　安全玻璃的应用

4）玻璃马赛克

玻璃马赛克是玻璃装饰材料中最安全的建材，它由天然矿物质和玻璃等制成，是杰出的环保材料。零吸水率、抗酸碱等化学腐蚀，是最适合于装饰近水区域的建材。可用作装饰室内公共空间、卫生间、浴室、游泳池、喷泉、景观水池等。具有色彩缤纷亮丽、永不褪色、体积小、质量轻等特点，是制作艺术拼图和镶嵌画的最好材料。

6. 金属装饰材料

1）铝合金穿孔平板

铝合金穿孔平板是用各种铝合金平板经机械冲孔而成。孔形根据需要有圆孔、方孔、长圆孔、长方孔、三角孔和大小组合孔等。其特点是时尚、质感坚硬、防腐蚀性较好，广泛运用于公共空间的装饰吊顶。

2）金属格栅与垂片

金属格栅和垂片属于开放型装饰天花材料。其特性是防火性能高，通风效果好，安装简单，结构精巧，外表美观，立体感强，色彩丰富，经久耐用。特别适合于管线不可封闭场所，广泛运用于机场、车站、商场、饭店、超市及娱乐场的吊顶装饰工程。

3）搪瓷钢板

搪瓷钢板是采用优质钢板为基材，经静电干法工艺加工，并与无机非金属材料经高温烧制而成的复合材料，是金属与无机材料的完美结合体。它既有钢板的柔韧性，又有搪瓷超强耐酸碱、耐久、不燃、安全、环保等特点。适用于机场、车站、商场等公共空间装饰工程。

4）彩色不锈钢板

彩色不锈钢板是在不锈钢板上进行技术性和艺术性加工，使其表面成为具有各种绚丽色彩的不锈钢装饰板。其颜色有蓝、灰、紫、红、青、绿、金黄、橙、茶色等多种。彩色不锈钢板具有抗腐蚀性强、机械性能高、彩色面层经久不褪色、色泽随光照角度产生色调变幻等特点。此外，彩色不锈钢板还耐磨、耐刻、耐高温、耐腐蚀、柔韧性好。可用作厅堂墙板、天花板、电梯厢板、车厢板、公装室内空间、招牌等装饰之用。采用彩色不锈钢板装饰墙面，不仅坚固耐用，美观新颖，而且具有强烈的时代感。

5）铜和铜合金

铜质装饰材料有两种：纯铜和铜合金。其特点是机械性能好，强度高，硬度高，耐腐蚀，表面光滑平整，饰面后金碧辉煌，装饰效果极佳。铜质装饰材料制品种类有板材和管材。其中板材可用于墙面（内、外墙）和柱面等的装饰，管材可制作成扶手、把手等建筑五金和建筑配件。

7. 塑胶装饰材料

1）塑料地板

塑料地板是一种新型铺地材料。其种类很多，包括硬质塑料地板、软质卷材地板和弹性卷材地板。其防水、防霉和耐磨性能较好。

2）橡胶地板

橡胶地板是天然橡胶、合成橡胶和其他成分的高分子材料所制成的地板。橡胶地板的优点是环保、防滑、阻燃、耐磨、吸音、抗静电、耐腐蚀、易清洁。橡胶地板主要用于机场大厅、地铁站台和医院等公共空间室内地面的装修。

3）塑料壁纸

塑料壁纸采用 PVC 塑料制成，其品种、花色非常丰富，是家庭装修用得最广泛的一种墙纸。塑料壁纸柔韧性强、耐磨、可擦洗、耐酸碱，还具有吸声隔热的功能。塑料壁纸表面有相同色彩的凹凸花纹图案，有仿木纹、拼花、仿瓷砖等效果，图案逼真，立体感强，装饰效果好，适用于室内墙面、客厅和楼内走廊等装饰。

8. 涂料装饰材料

1) 乳胶漆

乳胶漆色彩丰富，涂层细腻，遮盖力好，漆膜坚韧，耐水性强，耐擦洗，具有一定的透气性，而且施工性好，无刷痕，无流挂。

2) 真石漆

真石漆主要采用各种颜色的天然石粉配制而成。真石漆色泽自然真实，给人以高雅、和谐、庄重的美感，具有防火、防水、耐酸碱、耐污染、无毒、无味、黏接力强、永不褪色等特点，适合于各类建筑物的室内外装修。由于真石漆具备良好的附着力和耐冻性能，因此特别适合在寒冷地区的室外装修使用。如图 5-25 所示。

3) 肌理漆

肌理漆具有一定的肌理性，花形自然、随意，适合不同场合的要求，能营造个性化的装修效果。其异形施工更具优势，可配合设计做出花纹和花色以及特殊造型。肌理漆适用于形象墙、背景墙、廊柱、立柱、吧台、吊顶、穿顶、石膏艺术造型等部位装修。如图 5-26 所示。

图 5-25　真石漆的应用　　　　　　　　图 5-26　肌理漆的应用

4) 浮雕漆

浮雕漆是一种在墙面涂装后立体质感逼真的艺术涂料。装饰后的墙面酷似浮雕般观感效果，所以称为浮雕漆。浮雕漆不仅是一种全新的装饰艺术涂料，更是装饰艺术的完美表现，具有独特立体的装饰、仿真浮雕效果。其涂层坚硬、黏结性强、阻燃、隔音、防霉。浮雕漆适用于室内外已涂上适当底漆的砖墙、水泥砂浆面及各种基面装饰涂装。

5) 金属金箔漆

金属金箔漆是由高分子乳液、纳米金属光材料、纳米助剂等优质原材料采用高科技生产技术合制而成，适合于各种内外场合的装修，具有金箔闪闪发光的效果，给人一种金碧辉煌、高贵典雅的感觉。金属金箔漆是新一代的装饰涂料，给传统的装饰涂料注入了新鲜的血液。

6) 壁纸漆

壁纸漆也称为液体壁纸、幻图漆或印花涂料，属于新型内墙装饰水性涂料。壁纸漆填补了其他水性油漆装饰墙面单色无图的缺陷，具有绿色环保、色彩独特、图形丰富、易于施工、不易剥落和开裂、易清洗等特点。施工过程中通过专用施工模具，以及独特的施工手法和工艺，可使其达到真正的无缝连接。

9. 织物装饰材料

1) 高级墙面装饰织物

高级墙面装饰织物是指锦缎、丝绒、呢料等织物，这些织物由于纤维材料、制造方法和处理工艺的不同，所产生的质感和装饰效果也不相同。其常被用于高档室内墙面的浮挂装饰，也可用作室内高级墙面的裱糊装饰材料，适用于高级宾馆、酒店等公共空间的裱糊装饰。

2) 织物壁纸和织物墙布

织物壁纸主要分为纸基织物壁纸和麻草壁纸两种。织物墙布主要分为玻璃纤维印花贴墙布、无纺贴墙布、化学纤维贴墙布和棉纺装饰墙布等品种。织物壁纸和墙布具有装饰效果好、色彩鲜艳、花色多样、不易褪色、不老化、防水、耐湿性强、吸音、施工简单等特点，适用于宾馆、饭店、民用住宅等空间的室内墙面装饰。如图 5-27 所示。

图 5-27　织物墙布的应用

3) 地毯

地毯包括羊毛毯、麻毯、丝毯、化纤毯等品种，又分为宫廷式、古典式、北京式、美术式等多种样式，具有良好的吸音、隔音、防潮、净化空气和美化环境的作用，广泛应用于宾馆、餐饮、家居等空间地面的装饰。

4) 挂毯

挂毯装饰织物又名壁毯，是一种供人们欣赏的室内墙挂艺术品，故又称为艺术壁挂。挂毯图案花色精美，常采用纯羊毛蚕丝、麻布等上等材料制作而成。挂毯装饰织物对室内装饰不仅起到锦上添花的效果，还起到了保温、隔热、吸声和调节室内光线的作用。

1. 室内装饰材料如何分类？
2. 装饰石膏板有哪些特点？
3. 陶瓷锦砖有哪些特点？
4. 天然大理石有哪些特点？
5. 常用的饰面板有哪些？

第一节 客 厅 设 计

客厅是全家人娱乐、团聚、接待客人和相互沟通的场所，是家居中主要的起居空间，也是住宅中活动最集中、使用频率最高的空间。它能充分体现主人的品位、情感和意趣，展现主人的涵养与气度，是整个住宅的中心。

客厅的主要功能区域可以划分为家庭聚谈区、会客接待区和视听活动区三个部分。

1. 家庭聚谈区和会客接待区

客厅是家庭成员团聚和交流感情的场所，也是家人与客人会谈交流的场所，一般采用几组沙发或座椅围合成一个聚谈区域来实现，客厅沙发或座椅和围合形式一般有单边形、L形、U形等。如图6-1和图6-2所示。

图 6-1　客厅沙发组合（1）

图 6-2　客厅沙发组合（2）

2. 视听活动区

视听活动区是客厅视觉注目的焦点。人们每天需要接收大量的信息，或守坐在视听区听音乐、欣赏影视图像以消除一天的疲劳。另外，接待宾客时，亦常需利用有声或有形物掩盖一下神色及态度上的短暂沉默与尴尬。因此，现代住宅愈来愈重视视听活动区的设计。视听活动区的设计主要根据沙发主座的朝向而定。通常，视听活动区布置在主座的迎立面或迎立面的斜角范围内，以使视听活动区构成客厅空间的主要目视中心，并烘托出宾主和谐、融洽的气氛。

视听活动区一般由电视柜、电视背景墙和电视视听组合等部分组成。电视背景墙是客厅中最引人注目的一面墙，是客厅的视觉中心。电视背景墙是为了弥补客厅中电视机背景墙面的空旷，同时可以起到客厅修饰的作用。电视背景墙是家人目光注视最多的地方，长年累月地看也会让人厌烦，所以其装修也尤为讲究，可以通过别致的材质，优美的造型来表现，主要有以下几种形式。

1）古典对称式

中式和欧式风格都讲究对称布局，它具有庄重、稳定、和谐的感觉。如图 6-3 所示。

2）重复式

利用某一视觉元素的重复出现来表现造型的秩序感、节奏感和韵律感。如图 6-4 所示。

3）材料多样式

利用不同装饰材料的质感差异，使造型相互突出，相映成趣。如图 6-5 所示。

4）深浅变化式

通过色彩的明暗、深浅变化来表现造型的形式。这种形式强调主体与背景的差异，主体深，则背景浅；主体浅，则背景深。两者相互突出、相映成趣。如图 6-6 所示。

5）形状多变式

利用形状的变化和差异来突出造型，如曲与直的变化、方与圆的变化等。如图 6-7 所示。

客厅的风格多样，有优雅、高贵、华丽的古典风格，简约、时尚、浪漫的现代风格，朴素、休闲的自然风格等。如图 6-8～图 6-12 所示。

图 6-3 客厅电视墙 (1)

图 6-4 客厅电视墙 (2)

图 6-5　客厅电视墙（3）

图 6-6　客厅电视墙（4）

图 6-7　客厅电视墙 (5)

图 6-8　中式古典风格客厅

图 6-9 欧式古典风格客厅

图 6-10　现代风格客厅

图 6-11　自然风格客厅

灰条木饰面加壁纸 Wallpaper

现代台灯Tablelamp

橡木纹理加饰面Oak

Mable texrre
大理石纹理饰面

Light Cabinet
陈谱灯柜

Paintings
现代抽象挂画

Floor lamp
黑色现代落地灯

Marble texture
纹理大理3

Pillow
现代抱枕

Texture Brick
纹理多色白砖

Cloth
朵形纹中心饰面

Mable texture
大理石纹理饰面

Carpet
艺术变形地毯

Wave of finshes

图 6-12　客厅手稿

客厅设计时要注意对室内动线的合理布置，交通设计要流畅，出入要方便，避免斜插家庭聚谈区和交流感情区而影响会谈。客厅设计时可对原有不合理的建筑布局进行适当调整，使之更符合空间尺寸要求。

客厅的陈设可以体现主人的爱好和审美品位，可根据客厅的风格来配置。古典风格配置古典陈设品，现代风格配置现代陈设品，这些形态各异的陈设品在客厅中往往能起到画龙点睛的作用，使客厅看上去更加生动、活泼。

客厅设计时还要注意对天花、墙面和地面三个界面的处理。客厅天花设计时可根据室内的空间高度来进行设计，空间高度较低的客厅不宜吊顶，以简洁平整为主；空间高度较高的客厅可根据具体情节吊二级顶、三级顶等。天花的吊顶还可以采用局部吊顶的手法，如四周低中间高；或四周吊顶，中间空，形成一个"天池"状的光带，使整个客厅明亮，光洁。天花的色彩宜轻不宜重，以免造成压抑的感觉。客厅的墙面通常用乳胶漆、墙纸或木饰面板来装饰，电视背景墙是装饰的重点，靠阳台的墙面以玻璃推拉门为主，这样可以使客厅获得充足的采光和清新的空气，保证客厅的空气流通，并调节室温。靠沙发的墙面可挂装饰画来装饰墙面。

客厅的地面可采用耐脏、易清洁、光泽度高的抛光石材；也可采用温和、质朴、吸音隔热良好的木地板。沙发处还可通过铺设地毯来聚合空间，美化家内环境。客厅内可适当摆设绿色植物，既可以净化空气，又可以消除疲劳。

第二节　卧室设计

卧室是人们休息和睡眠的场所，是居室中较私密的空间。卧室除了用于休息之外，还具有存放衣物、梳妆、阅读和视听等功能。卧室设计的宗旨是让人们在温暖、舒适的氛围中补充精力。

一、主卧室设计

主卧室是住宅主人的私人生活空间，它应该满足主人情感和心理的共同需求，顾及个性特点。主卧室在设计时应遵循以下两个原则。一是要满足休息和睡眠的要求，营造出安静、祥和的气氛。卧室内可以尽量选择吸声的材料，如海绵布艺软包、木地板、双层窗帘和地毯等，也可以采用纯净、静谧的色彩来营造宁静气氛。二是要设计出尺寸合理的空间。主卧室的空间面积每人不应小于 6 m²，高度不应小于 2.4 m，否则就会使人感到压抑和局促。在有限的空间内还应尽量满足休息、阅读、梳妆等综合要求。

主卧室按功能区域可划分为睡眠区、梳妆阅读区和衣物储存区三部分。睡眠区由床、床头柜、床头背景墙和台灯等组成。床应尽量靠墙摆放，其他三面临空。床不宜正对门，否则使人产生房间狭小的感觉，开门见床也会影响私密性。床应适当离开窗口，这样可以降低噪声污染和顺畅交通。医学研究表明，人的最佳睡眠方向是头朝南，脚朝北，这与地球的磁场相吻合，有助于人体各器官和细胞的新陈代谢，并能产生良好的生物磁化作用，提高睡眠质量。床应近窗，让清晨的阳光射到床上，有助于吸收大自然的能量，杀死有害微生物。床头柜和台灯是床的附属物件，可以存放物品和提供阅读采光；床头柜一般配置在床的两侧，便于从不同方向上下床。床头背景墙是卧室的视觉中心，它的设计以简洁、实用为原则，可采用挂装饰画、贴墙纸和贴饰面板等装饰手法，其造型也可以丰富多彩。梳妆阅读区主要布置梳妆台、梳妆镜和学习工作台等。衣物储存区主要布置衣柜和储物柜。

主卧室的天花可装饰简洁的石膏脚线或木脚线，如有梁需做吊顶来遮掩，以免造成梁压床的不良视觉效果。地面采用木地板为宜，也可铺设地毯，以增强吸音效果。

主卧室的采光宜用间接照明，可在天花上布置吸顶灯柔化光线。筒灯的光温馨柔和，可作为主卧室的光源之一。台灯的光线集中，适于床头阅读。卧室的灯光照明应营造出宁静、温馨、宜人的气氛。

主卧室宜采用和谐统一的色彩，暖色调温暖、柔和，可作为主色调。主卧室是睡眠的场所，应使用低纯度、低彩度的色彩。

主卧室的风格样式应与其他室内空间保持一致，可以选择古典风格、现代风格和自然风格等多种样式。

主卧室设计如图 6-13～图 6-15 所示。

图6-13 主卧室设计（1）

图6-14 主卧室设计（2）

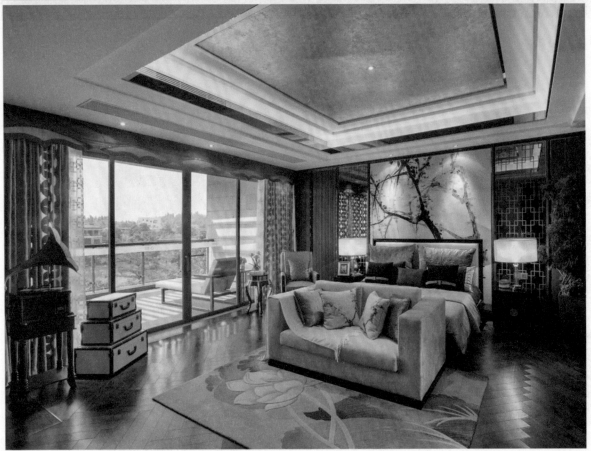

图 6-15 主卧室设计 (3)

二、孩子卧室设计

孩子卧室是孩子成长和学习的场所。在设计时要充分考虑孩子的年龄、性别和性格特征，围绕孩子特有的天性来设计。儿童卧室设计的宗旨是"让儿童在自己的空间内健康成长，培养独立的性格和良好的生活习惯"。

孩子卧室设计时应考虑婴幼儿期和青少年期两个不同年龄阶段的性格特点，针对不同年龄阶段的生理、心理特征来进行设计。

1. 婴幼儿期

指0～6岁的小孩。此时期孩子的房间侧重于睡眠区的安全性，并有充足的游戏空间。因婴幼儿年龄较小，生活自理能力不足，房间应与父母房相邻。卧室应保证充足的阳光和新鲜的空气，这样对婴幼儿身体的健康成长有重要作用。房间内的家具应采用圆角及柔软材料，保证婴幼儿的安全，同时这些家具又应极富趣味性、色彩艳丽、大方，有助于启发婴幼儿的想象力和创造力。卧室的墙面和天花造型设计可以极具想象力，如运用仿生的设计原理，将造型设计成树木、花朵、海浪等。婴幼儿天性怕孤独，可以摆放各种玩具供其玩耍。针对婴幼儿好奇、好动的特点，可以划分出一块供婴幼儿独立生活玩耍的区域，地面上铺木地板或泡沫地板，墙面上装饰五彩的墙纸或留给婴幼儿自己涂沫的生活墙。

婴幼儿卧室设计如图6-16和图6-17所示。

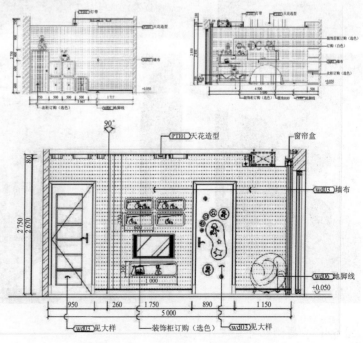

图6-16　婴幼儿卧室设计（1）

图 6-17　婴幼儿卧室设计 (2)

2. 青少年期

青少年期指 6～18 岁。这一时期的孩子已经入学，对事物的认知能力显著提高，也渴望获得知识。青少年富于幻想，好奇心强，读书、写字成为生活中必行的事情。因此，在儿童房间内要专门设置学习区域，学习区域由写字台（或电脑台）、书架、书柜、学习椅和台灯等共同组成。

青少年期是人一生中学习的黄金时期，也是培养儿童优良品质、发展优雅爱好、陶冶高尚情操的时期，在房间布置上应把握立志奋发的主题，如在墙上悬挂一些名言警句，在桌上摆放蕴含积极向上的工艺品等。

青少年房间的色彩应体现出男、女的差异，男生比较喜欢蓝色、青绿色等冷色；女生则比较喜欢粉红、苹果绿、紫红、橙等暖色。

青少年卧室设计如图 6-18 和图 6-19 所示。

图 6-18 青少年卧室设计（1）

图 6-19　青少年卧室设计（2）

三、老年人卧室设计

　　老年人有着丰富的人生阅历和经验，在经历世间的浮华之后，希望能有一处安静的居所。因此，老年人卧室的设计应以稳重、幽静为宗旨。老年人重视睡眠质量，对房间的装饰是否时尚，已不再追求。他们喜欢白的墙壁，以显得素雅。此外，深色调沉着而有内涵，象征他们丰富的人生阅历，也是许多老年人较喜欢的色彩。老年人还喜欢自己用过多年且品质尚好的旧家具，既满足了多年生活的习惯也可帮助他们对往日的追忆。窗帘、卧具多采用中性的暖灰色调，所用材料更追求质地品质与舒适感，使他们可通过睡眠，过滤掉多年的生活压力。

　　老年人由于行动不便，所以卧室内必备的家具不可少，老人卧室的家具以木质为佳，忌用铁器家具，家具的棱角也应钝化或改为圆角，避免磕碰。衣柜不能太高，以免取物不便；矮柜不能低于膝，因为老年人不宜常弯腰。老年人一般体质较弱，对声音很敏感，喜欢安静，因此卧室内的门窗和墙壁隔音效果要好，使老人房不受外界喧哗的影响。老年人需要阳光，所以卧室最好朝南向。老年人喜欢怀旧，可悬挂一些有纪念意义的照片和摆放一些老式工艺品。

　　老年人夜晚起夜较勤，加之老年人视力不好，因此灯光要强弱配合。既有较强的识路灯光，又有较弱的睡眠灯光。

　　老年人卧室设计如图 6-20 和图 6-21 所示。

图 6-20　老年人卧室设计（1）

图 6-21 老年人卧室设计 (2)

第三节 餐厅设计和书房设计

一、餐厅设计

餐厅是家人用餐和宴请客人的场所。民以食为天，餐厅不仅是补充能量的地方，更是家人团聚和交流情感的场所，是居室中一处幽雅、恬静的空间。餐厅主要有以下 3 种形式。

1. 独立式

指单独使用一个房间作为餐厅的形式。这种形式的餐厅是最为理想的餐厅形式，可以极大地降低用餐时外界的干扰，使家人和朋友可以在一个相对独立和幽静的空间用餐，营造出一个舒适、稳定的就餐环境。

2. 客厅与餐厅合并式

指客厅与餐厅相连的形式。这种形式的餐厅是现代家居中最常见的。设计时要注意空间的分隔技巧，放置隔断和屏风是既实用又艺术的做法；也可以从地板着手，将地板的形状、色彩、图案和材质分成两个不同部分，餐厅与客厅以此划分成两个格调迥异的区域；还可以通过色彩和灯光来划分。在分隔的同时还要注意保持空间的通透感和整体感。

3. 厨房与餐厅合并式

指厨房与餐厅相连的形式。这种形式的餐厅可节约空间，减轻压抑感，并可以缩短上菜路线，提高就餐效率；不足之处在于受厨房油烟影响较大。

餐厅的家具主要有餐桌、餐椅和酒柜。餐桌有正方形、长方形和圆形等形状。酒柜是餐厅装饰的重点家具，其样式繁多，用材主要以木料为主，其功能主要是存放各类酒瓶、酒具和各色工艺品等。选择餐厅家具时要注意与室内整体风格相吻合，通过不同的样式和材质体现不同的风格。如天然纹理的原木餐桌、餐椅，透露着自然淳朴的气息；金属电镀的钢管家具，线条优雅，具有时代感；做工精细、用材考究的古典家具，风格典雅，气韵深沉，富有浓郁的怀旧情调。

餐桌标准尺寸：四人正方形桌为 760 mm×760 mm，六人长方形桌为 1 070 mm×760 mm（1 400 mm×700 mm 的六人长方形桌较舒适），圆桌半径为 450～600 mm，餐桌高为 710 mm，配 415 mm 高的餐椅。

餐厅的陈设既要美观，又要实用。餐厅中的软装饰如桌布、餐巾和窗帘等，应尽量选用化纤类布艺材料，易清洗，耐脏。布艺的色彩和图案可根据室内不同的气氛要求来选择：营造素雅气氛时，可选择色彩淡雅、图案朴素的布艺材料；需要重点突出时，可选择色彩艳丽、图案花饰较多的布艺材料。餐桌上摆放一个花瓶，再插上几株花卉，能起到调节心理、美化环境的作用。墙角摆放绿色植物，可净化空气，增添活力。墙上悬挂字画、瓷盘和壁挂等装饰品，可以体现主人的审美品位。如餐厅面积太小，可在墙上设置一面镜子，增加反射效果，扩大空间感。

餐厅的天花可做二级吊顶造型，暗藏灯光，增加漫射效果。餐灯可增加餐厅的光照和美感，选择时注意与室内风格相协调，可选择能调节高低位置的组合灯具，以满足不同的照明要求。餐厅的地面宜用易清洁、防滑的石材地砖。餐厅的色彩可采用红色、橙色和黄色等暖色以增进食欲。

此外，在餐厅与客厅或餐厅与厨房的交界处可设置家庭酒吧。家庭酒吧是居室中的一处休闲空间，主要由酒吧台、吧椅和小酒柜组成。酒吧台高度为 1 000～1 200 mm，可做成不同的造型，如弧线形、圆柱形和长方形等，台面一般选用光滑而易清洁的材料，如大理石、玻璃、木板等。吧椅略高于普通餐椅，设置放脚架，可旋转。小酒柜主要用于摆放各类酒具和酒瓶，与酒吧台相呼应。

餐厅设计如图 6-22～图 6-24 所示。

二、书房设计

书房是阅读、书写和学习的场所，也是体现居住者文化品位的空间。书房的设计，总体应以简洁、文雅、清新、明快为原则。书房一般应选择独立的空间，以便于营造安静的环境。书房的家具有书桌、办公（学习）椅和书架（或书柜）等。书桌的高度应为 750～800 mm，桌下净高不小于 580 mm，座椅的座高为 380～450 mm，也可采用可调节式座椅，使不同高度的人得到舒适的坐姿。书架高度为 2 100～2 300 mm（也可到顶）。书架的种类很多，非固定式的书架只要是拿书方便的场所都可以旋转；入墙式或吊柜式书架，对于空间的利用较好；半身的书架靠墙放置时，空出的上半部分墙壁可以配合壁画等饰品一起布置；落地式的大书架有时可兼作间壁墙使用。这类书架放一些大型的工具书，看起来比较美观。一些珍贵的书籍最好放在有柜门的书柜内，以防书籍日久沾满尘埃。书桌台面不小于400 mm×500 mm。

书房可布置成单边形、双边形和L形。单边形是将书桌与书柜相连放在同一面墙上，这样布置较节约空间；双边形是将书桌与书柜放在相平行的两条直线上，中间以座椅来分隔，这样布置更加方便取阅，提高工作效率；L形是将书桌与书柜成90°交叉布置，这样布置方式是较为理想的一种，既节约空间，又便于查阅书籍。

图 6-22　餐厅设计（1）

图 6-23 餐厅设计 (2)

图 6-24　餐厅设计（3）

　　书房的设计应遵循"明、静、雅、序"的设计原则。书房是精细阅读的场所，对采光和照明要求较高，过弱的光线会损害人的视力。书桌可以放在窗边的侧光处，防止阳光直射眼睛，也可以放在不受阳光直射的窗下，将窗外的美景尽收眼底，减轻视觉疲劳；书桌的摆放切不可背光。书房的"静"主要通过材料和色彩来完成。首先，书房内尽量采用隔音和吸音效果较好的材料，如石膏板、PVC 吸音板、壁纸、地毯等，窗帘要选择较厚的材料，以阻隔窗外的噪声；其次，书房的色彩可选用素雅或纯度较低的颜色，营造出稳重、静谧的感觉。此外，在空间设置上应尽可能地让书房远离客厅、餐厅等嘈杂的公共区域，以减少噪声的来源。书房的"雅"体现在人文气氛的营造上，书架上摆放几个古朴的工艺品、艺术品，墙上挂一些雅致的字画，都可以为书房增添几分情趣。书房的"序"主要指书写区、查阅区和休闲区要分区明确，路线顺畅，井然有序。如书桌应背对书柜，不可正对书柜，以免造成取阅的不便。

　　书房设计如图 6-25 和图 6-26 所示。

图 6-25　书房设计（1）

图 6-26 书房设计 (2)

第四节　厨房和卫生间设计

一、厨房设计

厨房是烹饪菜肴的场所。优雅、舒适的厨房不仅可以缓解烹饪时的辛劳，还能带给人美的享受。现代厨房已经逐步走向科技化和智能化。风格各异、用途广泛的厨房已成为家居空间一道亮丽的风景线。厨房应有足够的操作空间，要有洗涤和备餐的地方，以及搁置餐具和熟食的周转场所，还要有存放烹饪器具和佐料的空间。

厨房设计的原则是减轻烹饪时的疲劳感，营造舒适、安逸的备餐环境。厨房内的家具布置要舒适有序、科学合理。厨房设计的最基本概念是"三角形工作区域"（洗涤区域、储存区域和烹调区域），即将洗菜水池、冰箱储物区和烹饪灶台安放在一个等边三角形的区域，相隔不超过 1 m，这样可以大大提高厨房工作效率。橱柜工作台面高 800～850 mm，工作台面与吊柜底的距离为 500～600 mm，放双眼灶的炉灶台面高度不超过 600 mm。

厨房的布局一般有单边形、双边形、L 形、U 形和岛形等几种类型。单边形适用于较小的空间，是一种单边靠墙式的布局，它把储存区域、洗涤区域和烹调区域配置在同一面墙边，优点是可以节约空间，缺点是工作效率低下。双边形又称为"二"字形或走廊式布局，要求空间宽度不小于 2 m，可以将储存区域和洗涤区域设置在一边，将烹调区域设置在另一边，使功能分区相对较明确。L 形是将储存区域、洗涤区域和烹调区域设置于两墙相接的位置，呈 90°转角。此种布局不仅可以节约空间，还能有效地提高工作效率，是较普遍、经济的一种厨房布局。U 形是厨房布局中最为理想和完善的形式。它将储存区域、洗涤区域和烹调区域按照 U 形依次设置，使三角形的工作区域得到完美体现，可以使厨房的工作效率大大提高，使操作路线流畅，劳动强度降低，但这种形式要求空间宽度不小于 2.5 m。岛形是沿厨房四周设置橱柜，在厨房中央设置"中心岛"的布局，这个"中心岛"一般布置为小餐桌、小酒吧台或料理台等，此种形式要求厨房面积不小于 15 ㎡。

厨房的常用材料包括以下几种。

（1）防火板：色彩丰富、美观耐用、耐高温、防潮、不易褪色。

（2）不锈钢：前卫、时尚、冷峻、耐高温、耐腐蚀、易清洗。

（3）烤漆面板：表面光滑、艳丽迷人、耐高温、耐水渍、不易褪色。

（4）石材：包括天然大理石、人造大理石、花岗石、陶瓷面砖等，质感纹理清晰、清凉、耐高温、防潮、易清洗。

厨房的整体色彩以素雅为主，以便衬托出菜肴的色彩。橱柜面板色彩则可相对艳丽，以营造出活泼、热情的烹饪环境。厨房地面宜用防滑、易清洗的陶瓷地砖。厨房的整体材料都应具有防火、抗热、易清洗的功效。

开放式厨房是现代厨房设计中的一种形式。这种形式主要是除去餐厅与厨房之间的隔墙，将二者合而为一，使空间的连贯性增强，空间形式更加统一、流畅。这种形式的厨房主要用于油烟较少的西式厨房设计；中式烹饪方式由于油烟较多，很少采用这种形式。

厨房设计如图 6-27 和图 6-28 所示。

图 6-27　厨房设计（1）

图 6-28　厨房设计 (2)

二、卫生间设计

卫生间是家庭生活设计中个人私密性最高的场所，也是缓解疲劳、舒展身心的地方。现代化的卫生间集体闲、保健、沐浴和清洗于一身，在优美的环境中让人的身心得到放松。

卫生间的功能分区主要包括沐浴间、洗刷区域和便池区。沐浴间的标准尺寸是 900 mm×900 mm，可用玻璃或浴帘将其隔成独立空间，以便起到隐避和防水的作用。沐浴间的形状常见的有长方形、正方形和半圆形 3 种。在沐浴间内还应设置相应的花洒插头、毛巾架、洗浴用品放置架等五金构件。沐浴间也常做成浴缸的形式，浴缸的常见尺寸为 2 000 mm×600 mm，现代卫浴空间也常用大型的按摩浴缸、光波浴缸等。先进的按摩浴缸利用集束状的水柱对人体的各个部位进行按摩，起到活化细胞、加速血液循环的保健功能。洗刷区域包括洗手台、洗手盆、水龙头、毛巾架、化妆镜、镜前灯等。洗手台高度约为 750～800 mm，单个洗手台的尺寸为 1 200 mm×600 mm。洗手盆可选择面盆和底盆两种形式。洗手台台面和洗手盆常用的材料为玻璃和天然石材，其防水效果好，透明感和清凉感强。便池区设置坐便器和小便器，其宽度不小于 750 mm。

卫生间设计时应尽量采用防水、防滑和防潮的材料，整体色调以素雅的灰、白色为主，以营造出宁静、简约的环境。由于卫生间活动中皮肤裸露较多，因此要求卫浴洁具尽量采用光滑、圆角的设计，避免擦伤和划伤皮肤。卫生间内如果空间条件允许可布置绿化，这样可以使沐浴环境更加自然、休闲。卫生间的墙面多为瓷砖，可在腰线处布置花瓷砖以减少单调感。卫生间的照明亮度要求不高，可采用间接照明。

卫生间天花的装修，基本上是铝扣板或PVC扣板；墙面与地面装修用陶瓷墙砖、地砖，由于这种搭配最符合消费的需要，所以几年来没有什么变化，被消费者们形象地称为"老三样"。

卫生间设计如图 6-29～图 6-31 所示。

图 6-29　卫生间设计（1）

图 6-30　卫生间设计 (2)

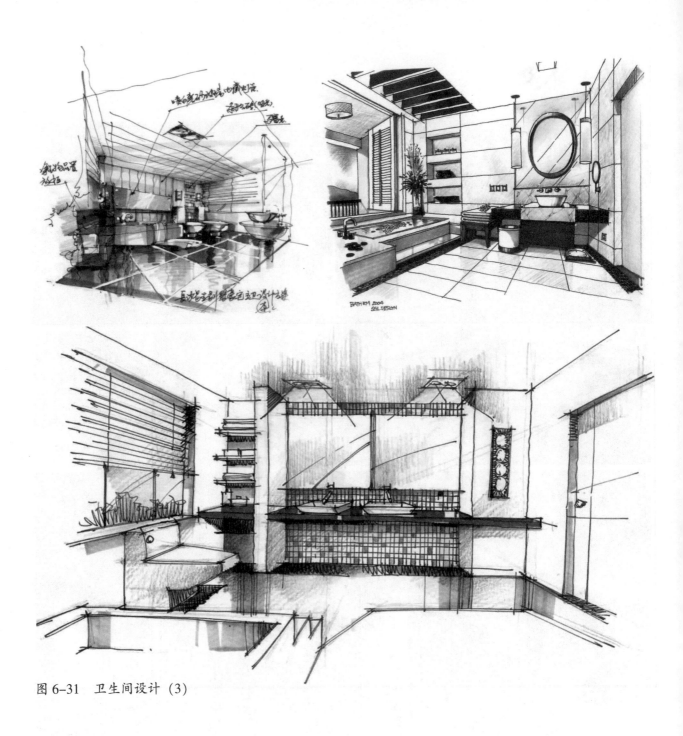

图 6-31　卫生间设计（3）

1. 客厅的主要功能区域有哪些?

2. 客厅电视背景墙主要有哪几种表现形式?

3. 主卧室有哪些功能区域?

4. 青少年卧室设计应注意哪些问题?

第七章 商业娱乐空间设计

商业娱乐空间包括夜总会、舞厅、KTV包房、酒吧、水疗馆（SPA会所）等，是人们工作之余休闲和娱乐的场所。下面从水疗馆（SPA）的设计来阐述商业娱乐空间的设计方法。

SPA一词源于拉丁文"solus por aqua"的字首，solus指健康，por指经由，aqua指水，意指用水来达到健康。其方法是充分运用水的物理特性、温度及冲击，来达到保养、健身的效果。希腊的古文献记载，在水中加上矿物及香薰、草药、鲜花，可以预防疾病及延缓衰老。

SPA从狭义上讲是指水疗，包括冷水浴、热水浴、冷热水交替浴、海水浴、温泉浴、自来水浴等，每一种浴都能在一定程度上松弛紧张的肌肉和神经，排除体内毒素，预防和治疗疾病。从广义上讲，SPA包括人们熟知的水疗、芳香按摩、沐浴等。现代SPA主要通过人体的五大感官功能，即听觉（疗效音乐）、味觉（花草茶、健康饮食）、触觉（按摩）、嗅觉（天然芳香精油）、视觉（自然或仿自然景观、人文环境）等达到全方位的放松，将精、气、神三者合一，实现身心的放松，如今SPA已演变成现代美丽补给的代名词。

SPA会所设计应按照不同的设计功能来设置空间，主要空间包括前厅大堂、更衣室、水疗大厅、桑拿房、健身房、足疗室、按摩室、自助餐厅等，其设计特点主要有以下几点。

1. 协调

SPA会所是会员放松心境、休闲和享受生活的场所，因此它的设计应该给人一种亲切、舒服及和谐的感觉，在造型、色彩、灯光、家具搭配和装饰摆设上都必须做到平和、优雅、舒适。

2. 独特

SPA会所设计应该具有独特的个性和特色，给人深刻印象，设计元素的选择可以尽量多元化，体现当地的历史、文化和艺术背景。如巴厘岛的SPA会所设计充分与当地的自然条件相结合，辅以原木、藤条、麻布等自然材料，营造出清新、朴实的气质。如图7-1和7-2所示。

3. 尊贵

会所是高档休闲娱乐场所，会所的设计要体现出优越感和尊贵感，设计要讲究用料，营造出尊贵的气度，如以西方传统的古典风格来突显尊贵。

SPA会所设计案例如图7-3～图7-24所示。

图7-1 巴厘岛SPA会所设计 (1)

图7-2 巴厘岛SPA会所设计 (2)

图 7-3　SPA 会所设计欣赏 (1)

图 7-4　SPA 会所设计欣赏 (2)

图 7-5　SPA 会所设计案例（1）

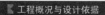

一、背景资料

在我国，经济发达城市如北京、上海、广州、深圳等的休闲水疗发展较快，而且随着消费水平的提高，消费者休闲消费意识的增强，综合性休闲水疗馆存在着巨大的市场空间。

现有的一站式休闲水疗均以洗浴、按摩为主，千篇一律，装饰设计基本以欧式风格为主，而各种主题性的休闲水疗馆相对较少，如运动型休闲水疗馆、理疗型休闲水疗馆、健身型休闲水疗馆、游乐型休闲水疗馆等。

本案位于广州市天区河北兴华路中段，东临规模宏大的水果和日杂食品批发市场，省公路勘察规划院也在附近。广州市东站位于其南位。北临广州市天平架公交枢纽站，交通十分便利，周边有一定规模的宾馆酒店，如南洋长胜酒店、合神酒店、神州酒店。有先天的市场潜力，如打造别具风格、情韵的水疗项目，将会更具吸引力。

本案以水为媒介，集洗浴、健身、美食和SPA住宿功能为一体的健康休闲为主题目的水疗馆。

二、设计目的与要求

本案设计始终抓住以"健身休闲型水疗馆"为设计目的，通过对目前市场的分析，我们有了两种风格的想法。我们对室内空间的思考主要落在对光线、美感、生态与建筑之间的关系，并结合节能、环保、施工、经济、原有建筑空间不够宽大等多个方面进行综合考虑，紧紧抓住主题来展开设计，用具有文化内涵的设计来提高室内空间效果的品味层次。

三、设计依据

甲方提供的建筑图纸

《混凝土结构加固技术规范》（CECS25：90）

《室内装饰工程质量规范》QB-1838-93

《建筑装饰工程施工及验收规范》JGJ73—91

《建筑给水排水设计规范》GB 50015—2003

《建筑火器配置规范》GBJ140—90

《建筑结构荷载规范》GB 50009—2001

《建筑内部装修设计防火规范》GB 50222-95

《建筑设计防火规范》6BJ16-87

《自动喷水灭火系统设计规范》GB 50084—2001

注：（1）原有结构必须进行检测，做一个综合评定，从而保证结构的安全性 其余未详之处，在设计阶段再进行协调。

（2）其他各专业根据现场在设计阶段再进行协调及详细的设计

图 7-6　SPA 会所设计案例（2）

四、相关技术说明

第一，水疗馆装饰设计中的功能设计很重要，其中给排水设计尤为关键。

一个好的水疗馆浴池设计方案，施工起来很顺利，业主使用地很方便，本设计组完成过7 000 m²以上的水疗馆和桑拿浴池装修设计，就其中的得失转为经验，以求本设计质量得到更进一步提高。

首先，要看选择的装饰空间是否适合作桑拿浴池，楼层过高不适合作桑拿浴池，一般选择地下室或1、2层，设置桑拿浴池的场所必须具有充足的水源和气源，在用水不方便，气源远处不适合作桑拿浴池。其次，房屋结构的承重是否能达到浴池的设计要求。水池的水深一般是0.6～0.7 m，每平方米承重在0.8吨左右，若不能满足要求，应进行加固处理，如果需要设置水箱，安装水箱的位置应考虑足够的承重。

给排水设计是桑拿浴池设计的重点，供水对桑拿营业很重要，停水和供水不足就会造成停止营业，因此有必要设置独立的供水水箱，如重庆湖较区温莎堡浴场就设置了一个近40 m³的供水水箱，通过水箱的二次供水，水压和供水量都很稳定，非常适合洗浴的要求。另给水管径大小应合适，进入每个包房的冷、热水管均要设置阀门，包房热水要循环供水，切记卫生间、蹲便器和淋浴。

· · · · · · · · · · · · · · ·

第二，结构设计说明。

1. 原建筑物为商业住宅用途，现改为商业娱乐、水疗及酒店客房部，其使用功能对结构负荷已经发生变化。

2. 建筑物室内：室内原结构存在的主力墙，消防走火楼梯、原消防走火楼梯的主力墙等均不能够拆除或者封断，均按现行国家规范进行设计。本项目为商业娱乐需要大型商业空间，其室内采用大型水池，其水池的压力对本建筑物的结构负荷产生超过原楼宇建筑的活荷载照对其建筑物进行结构加固。

3. 建筑物外观：尽量对其建筑外观结构少改变，如需进行其幕墙装饰，严格按照现行国家规范进行建筑外观设计。

4. 上述三点对主体结构有影响，在设计时，我们按现行规范，规范进行控制。通过计算采用钢筋、贴钢板等技术，对相关建筑构件进行补强，修复拆除楼梯的楼板，同时结合施工现场规范化的管理，本项目主体结构的安全是完全有保证的。

5. 由于要满足建筑平面功能要求，建筑平面的调整是必须的，所涉及的结构改造、补强、加固的造价不多，约占项目投资的1/5。虽然结构改造用去部分投资，可以在装修设计时尽量考虑价格适中、质量较好、能满足使用要求的材料，使整个项目能顺利实施。

第三，空间中的灯光设计。

灯光设计要比一般浴室的灯光设计要更细致，洗浴空间的灯光柔和、均匀，光源本身还要有防水散热的功能和不易积水的结构，面部整理空间对照度和光线角度要求相对比较高，照明灯具是安在化妆镜的两边，其次是顶面，另外还要考虑架设背景光源，以增加气氛。本设计组将聘请专业灯光设计师来参与设计，使本设计更专业。

本案设计密切关注水疗技术的更新，引进新的技术如臭氧发生器在游泳池水处理中的应用、中医药浴的应用等。

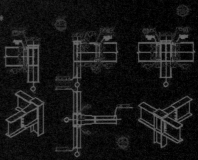

图7-7　SPA会所设计案例（3）

五、总体风格设计说明

水疗即所谓"SPA"，意为健康来水中，是指人们利用自然的水资源综合沐浴，按摩来愉悦促进新陈代谢，满足人体视觉、味觉、触觉、嗅觉，达到身心轻松和谐。水疗利用不同温度、质为和溶度会融的水，以不同方式作用于人体以达到保健的方法。

水疗对人体的作用主要有温度刺激、机械刺激和化学刺激，按其使用方法可分浸浴、淋浴、喷射浴、漩水浴、气泡浴等；按其温度可分热浴、温水浴、平温水浴和冷水浴；其利用含药物可分碳酸浴、松脂浴、盐卤浴等治疗浴等。

1. 方案一设计总说明

方案一的SPA设计主选定于摒脱模索经验中的西别"中式"或者"西方古典"等延续的形式约束，把设计核心定位如何引导有个性消费的人们获得不浮实的享受愉悦的养生体验，又兼备一定弹性的放松人心的情绪。

整个构思将中国古代的五行学框为室内设计主题，运用现代简约的装饰手法，在合适的空间都予参、水、水、火、土、风意图观念，注重迷幻的营造来打动消费者的心理，而不是往常用繁琐味却传统的呆板枯燥的中式风，平面设计采用了开放式的格局，强调视觉的流畅感，总体上更明快，低调的都而印象。

本方案表现水的形式比较多，水给人的印象是纯洁的，是激情畅谈的，白色皮革软包具有流动感的线构，色调纯净、素雅的空间内流，恰用整洁规空间更大。

2. 方案二设计总说明

方案二的设计定位为"旅行、宁海，从有家的温馨的东南亚的味道"，让人们可远离都市的沉闷、繁乐，享乐身心娱快、宁谧、休息的养生空间，设计师选采用自然照有材又具有东南亚风格的元素与材质营造空间，本列是东南亚装为常用的装饰材料（竹藤棕木），家私色多取棕、木、竹等质感自然淡雅为主。在色调方面，多用沉、暖、色彩柔和不俗、主透明的约、容渡看一般越越、暖味的气氛、每间设、大室（悟感"吉祥"），伴作和搬各福聊器物器整生花树及杯十里要使用的陈设品，独立影组，促曲的绿化，总线细绘过进来的顾客如置身于氛苍空间一样。

图7-8　SPA会所设计案例（4）

六、两种方案估算说明

综合单价估算分析表						
顺序	工程项目	单位	工程量/m²	综合单价/元	综合合价/元	备注
1	一、峰景大厦休闲中心外墙改造工程					
2	室外门面装修工程（含外墙广造照明等）按200 m²计	m²	200	700.00	140 000.00	
3	小计:				140 000.00	
4	二、峰景大厦休闲中心四楼改造工程					
5	室内精装修工程（含照明电气安装）	m²	1 800	800.00	1 440 000.00	
6	室内给排水改造工程	m²	1 800	50.00	90 000.00	
7	室内强电系统工程	m²	1 800	150.00	270 000.00	
8	室内弱电综合报线工程	m²	1 800	50.00	90 000.00	
9	室内消防自动报警工程	m³	1 800	85.00	153 000.00	
10	室内通风空调工程	m²	1 800	150.00	270 000.00	
11	小计:				2 313 000.00	
12	三、峰景大厦休闲中心五楼改造工程					
13	室内精装修工程（含照明电气安装）	m²	1 800	2 800.00	5 040 000.00	
14	室内给排水改造工程	m²	1 800	50.00	90 000.00	
15	室内强电系统工程	m²	1 800	150.00	270 000.00	
16	室内弱电综合报线工程	m²	1 800	35.00	63 000.00	
17	室内消防自动报警系统工程	m²	1 800	85.00	153 000.00	
18	室内通风空调工程	m²	1 800	150.00	270 000.00	
19	室内结构改造及局部加固（本估算为大约每平方米造价,具体应按实际现场情况及最近施工图计算）	m²	600	800.00	480 000.00	
	小计:				6 366 000.00	
	工程总造价合计:				8 819 000.00	

注:

1. 工程范围包括:

室内精装修改造工程、室内强电系统工程、室内弱电综合报线工程、室内消防自动报警系统工程、室内通风空调工程、室内结构改造工程等;

2. 本估算为提供业主参考值,具体最终造价待施工图完善后最作最终的预算。

图 7-9 SPA 会所设计案例（5）

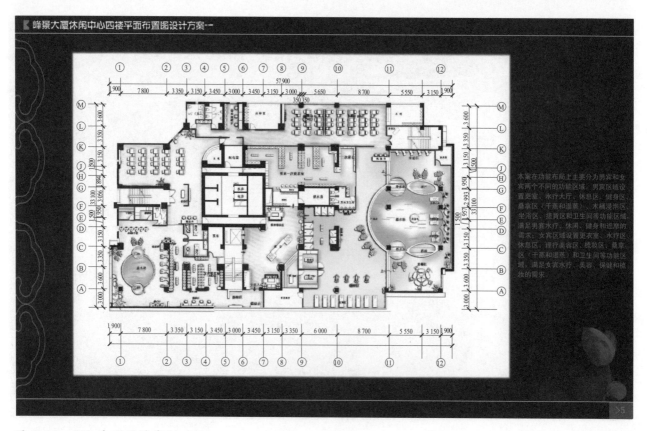

峰景大厦休闲中心四楼平面布置图设计方案一

本案在功能布局上主要分为男宾和女宾两个不同的功能区域。男宾区域设置更衣室、水疗大厅、休息区、健身区、桑拿区（干蒸和湿蒸）、木桶漫池区、坐浴区、搓背区和卫生间等功能区域,满足男宾水疗、休闲、健身和近渠的需求;女宾区域设置更衣室、水疗区、休息区、理疗美容区、梳妆区、桑拿区（干蒸和湿蒸）和卫生间等功能区域,满足女宾水疗、美容、保健和梳妆的需求。

图 7-10 SPA 会所设计案例（6）

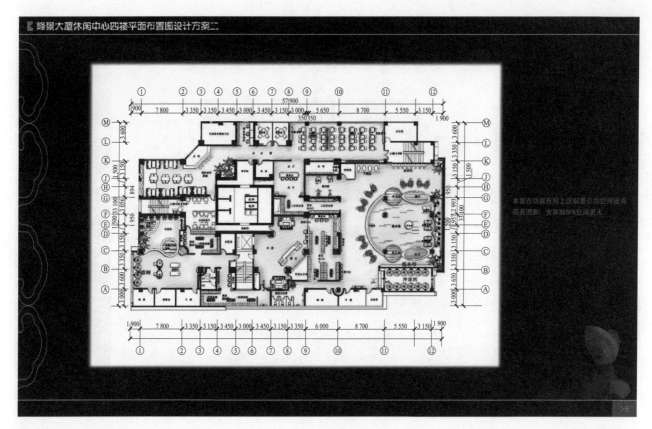

图 7-11   SPA 会所设计案例（7）

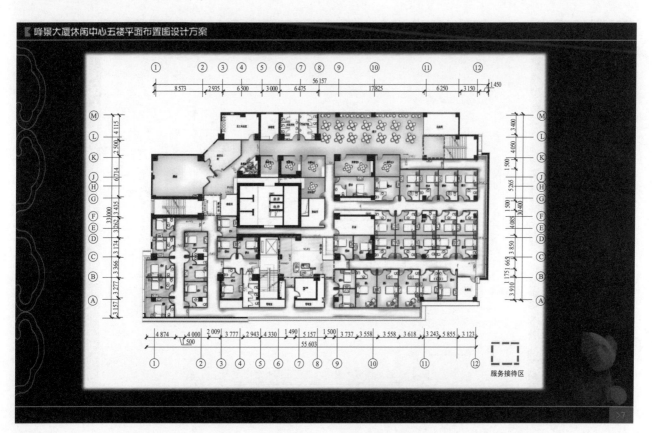

图 7-12   SPA 会所设计案例（8）

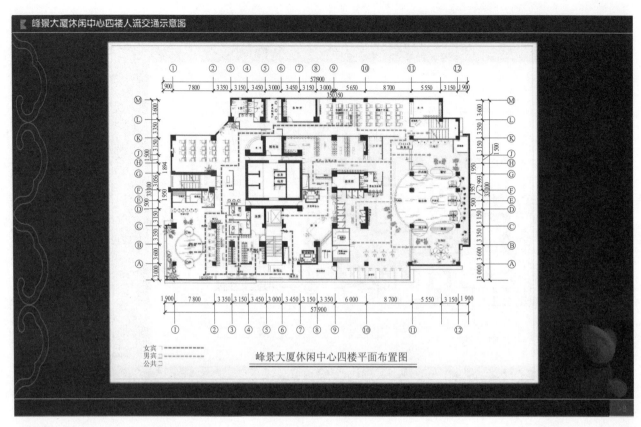

图 7-13 SPA 会所设计案例 (9)

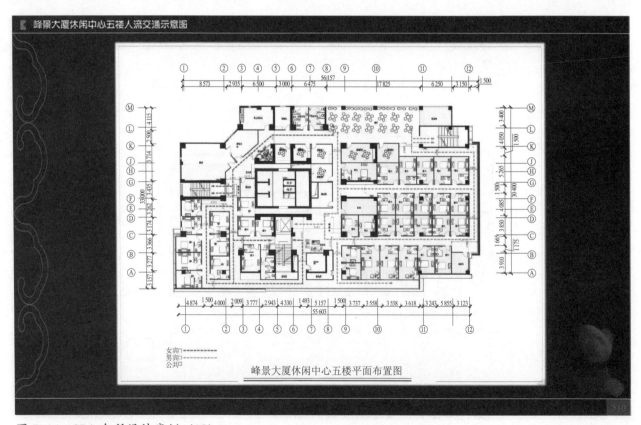

图 7-14 SPA 会所设计案例 (10)

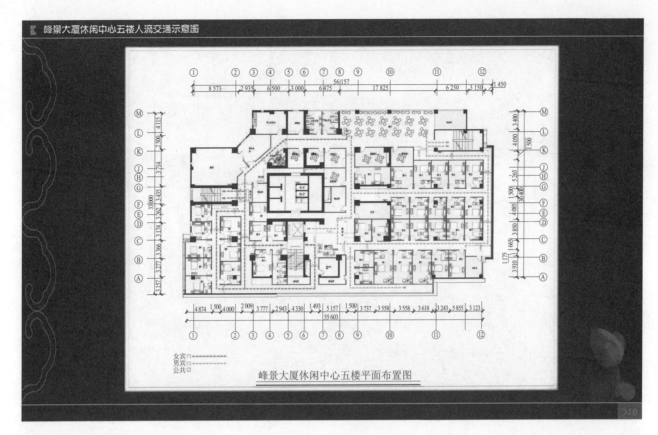

图 7-15　SPA 会所设计案例 (11)

图 7-16　SPA 会所设计案例 (12)

图 7-17 SPA 会所设计案例 (13)

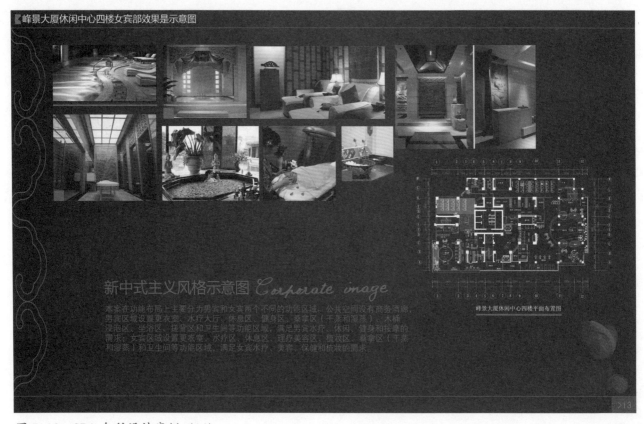

图 7-18 SPA 会所设计案例 (14)

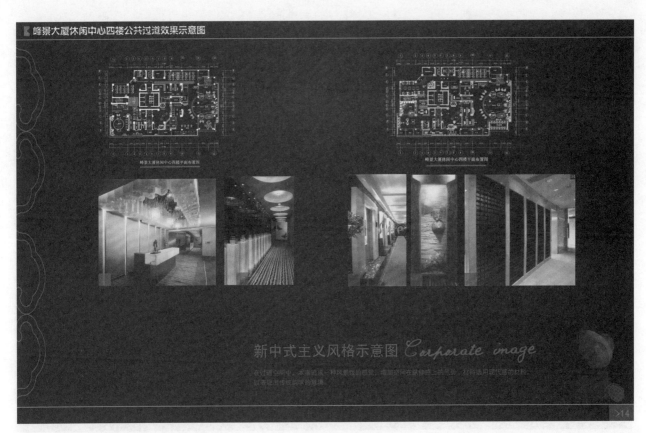

图 7-19　SPA 会所设计案例（15）

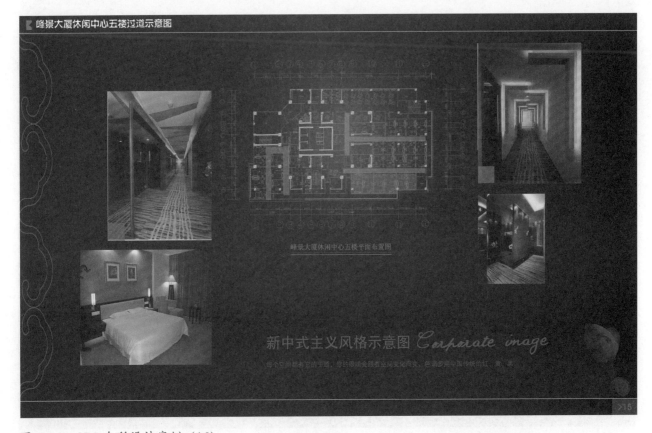

图 7-20　SPA 会所设计案例（16）

图 7-21 SPA 会所设计案例 (17)

图 7-22 SPA 会所设计案例 (18)

图 7-23　SPA 会所设计案例 (19)

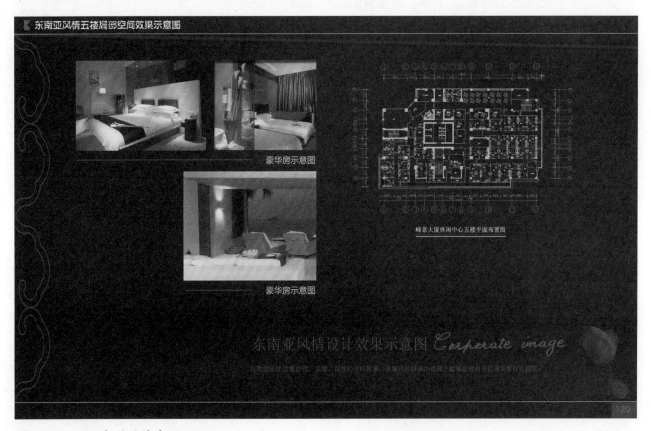

图 7-24　SPA 会所设计案例 (20)

参 考 文 献

[1] 王受之. 世界现代建筑史. 北京：中国建筑工业出版社，1999.

[2] 王受之. 世界现代设计史. 广州：广东新世纪出版社，1995.

[3] 齐伟民. 室内设计发展史. 合肥：安徽科学技术出版社，2004.

[4] 陈易. 室内设计原理. 北京：中国建筑工业出版社，2006.

[5] 邱晓葵. 室内设计. 北京：高等教育出版社，2002.

[6] 张绮曼，郑曙旸. 室内设计资料集. 北京：中国建筑工业出版社，1991.

[7] 李朝阳. 室内空间设计. 北京：中国建筑工业出版社，1999.

[8] 来增祥，陆震伟. 室内设计原理. 北京：中国建筑工业出版社，1996.

[9] 霍维国. 霍光. 室内设计原理. 海口：海南出版社，1996.

[10] 李泽厚. 美的历程. 天津：天津社会科学院出版社，2001.

[11] 史春珊，孙清军. 建筑造型与装饰艺术. 沈阳：辽宁科学技术出版社，1988.

[12] 童慧明. 100 年 100 位家具设计师. 广州：岭南美术出版社，2006.

[13] 汤重熹. 室内设计. 北京：高等教育出版社，2003 .

[14] 朱钟炎，王耀仁. 室内环境设计原理. 上海：同济大学出版社，2004.

[15] 巴赞. 艺术史. 刘明毅，译. 上海：上海人民美术出版社，1989.

[16] 许亮，董万里. 室内环境设计. 重庆：重庆大学出版社，2003.

[17] 尹定邦. 设计学概论. 长沙：湖南科学技术出版社，2004.

[18] 席跃良. 设计概论. 北京：中国轻工业出版社，2006.

[19] 潘吾华. 室内陈设艺术设计. 北京：中国建筑工业出版社，2006.